Bibliothek des Radio-Amateurs 13. Band

Herausgegeben von **Dr. Eugen Nesper**

Wie baue ich einen einfachen Röhren-Empfänger?

Von

Karl Treyse

Mit 28 Textabbildungen

Berlin
Verlag von Julius Springer
1925

ISBN-13: 978-3-642-98167-8   e-ISBN-13: 978-3-642-98978-0
DOI: 10.1007/978-3-642-98978-0

Alle Rechte, insbesondere das der Übersetzung
in fremde Sprachen, vorbehalten

Zur Einführung
der Bibliothek des Radioamateurs.

Schon vor der Radioamateurbewegung hat es technische und sportliche Bestrebungen gegeben, die schnell in breite Volksschichten eindrangen; sie alle übertrifft heute bereits an Umfang und an Intensität die Beschäftigung mit der Radiotelephonie. Die Gründe hierfür sind mannigfaltig. Andere technische Betätigungen erfordern nicht unerhebliche Voraussetzungen. Wer z. B. eine kleine Dampfmaschine selbst bauen will — was vor zwanzig Jahren eine Lieblingsbeschäftigung technisch begabter Schüler war — benötigt einerseits viele Werkzeuge und Einrichtungen, muß andererseits aber auch ein guter Mechaniker sein, um eine brauchbare Maschine zu erhalten. Auch der Bau von Funkeninduktoren oder Elektrisiermaschinen, gleichfalls eine Lieblingsbetätigung in früheren Jahrzehnten, erfordert manche Fabrikationseinrichtung und entsprechende Geschicklichkeit.

Die meisten dieser Schwierigkeiten entfallen bei der Beschäftigung mit einfachen Versuchen der Radiotelephonie. Schon mit manchem in jedem Haushalt vorhandenen Altgegenstand lassen sich ohne besondere Geschicklichkeit Empfangsresultate erzielen. Der Bau eines Kristalldetektorempfängers ist weder schwierig noch teuer, und bereits mit ihm erreicht man ein Ergebnis, das auf jeden Laien, der seine ersten radiotelephonischen Versuche unternimmt, gleichmäßig überwältigend wirkt: Fast frei von irdischen Entfernungen, ist er in der Lage, aus dem Raum heraus Energie in Form von Signalen, von Musik, Gesang usw. aufzunehmen.

Kaum einer, der so mit einfachen Hilfsmitteln angefangen hat, wird von der Beschäftigung mit der Radiotelephonie loskommen. Er wird versuchen, seine Kenntnisse und seine Apparatur zu verbessern, er wird immer bessere und hochwertigere Schaltungen ausprobieren, um immer vollkommener die aus dem Raum kommenden Wellen aufzunehmen und damit den Raum zu beherrschen.

Diese neuen Freunde der Technik, die „Radioamateure", haben in den meisten großzügig organisierten Ländern die Unterstützung weitvorausschauender Politiker und Staatsmänner gefunden unter dem Eindruck des universellen Gedankens, den das Wort „Radio" in allen Ländern auslöst. In anderen Ländern hat man den Radioamateur geduldet, in ganz wenigen ist er zunächst als staatsgefährlich bekämpft worden. Aber auch in diesen Ländern ist bereits abzusehen, daß er in seinen Arbeiten künftighin nicht beschränkt werden darf.

Wenn man auf der einen Seite dem Radioamateur das Recht seiner Existenz erteilt, so muß naturgemäß andererseits von ihm verlangt werden, daß er die staatliche Ordnung nicht gefährdet.

Der Radioamateur muß technisch und physikalisch die Materie beherrschen, muß also weitgehendst in das Verständis von Theorie und Praxis eindringen.

Hier setzt nun neben der schon bestehenden und täglich neu aufschießenden, in ihrem Wert recht verschiedenen Buch- und Broschürenliteratur die „Bibliothek des Radioamateurs" ein. In knappen, zwanglosen und billigen Bändchen wird sie allmählich alle Spezialgebiete, die den Radioamateur angehen, von hervorragenden Fachleuten behandeln lassen. Die Koppelung der Bändchen untereinander ist extrem lose: jedes kann ohne die anderen bezogen werden, und jedes ist ohne die anderen verständlich.

Die Vorteile dieses Verfahrens liegen nach diesen Ausführungen klar zutage: Billigkeit und Möglichkeit, die Bibliothek jederzeit auf dem Stande der Erkenntnis und Technik zu erhalten. In universeller gehaltenen Bändchen werden eingehend die theoretischen Fragen geklärt.

Kaum je zuvor haben Interessenten einen solchen Anteil an literarischen Dingen genommen, wie bei der Radioamateurbewegung. Alles, was über das Radioamateurwesen veröffentlicht wird, erfährt eine scharfe Kritik. Diese kann uns nur erwünscht sein, da wir lediglich das Bestreben haben, die Kenntnis der Radiodinge breiten Volksschichten zu vermitteln. Wir bitten daher um strenge Durchsicht und Mitteilung aller Fehler und Wünsche.

Dr. **Eugen Nesper.**

Vorwort.

An jeden Radioamateur tritt eines Tages, nachdem er längere Zeit mit einem selbstgebauten Kristalldetektorempfänger gearbeitet hat, die Aufgabe heran, nun selbst einen einfachen Röhrenempfänger zu bauen, um einen größeren Aktionsradius und damit eine größere Auswahl an Sendedarbietungen zu erzielen. Nach einigem Überdenken der Sache wird sich herausstellen, daß das „Wie-anfangen" das Allerschwierigste ist.

Wie fange ich an?

Der Amateur weiß, daß zur Zeit die Errichtung und der Betrieb von Funkempfangseinrichtungen in Deutschland ohne Genehmigung der Reichstelegraphenverwaltung verboten und strafbar ist. Also hat der Amateur zunächst diese Genehmigung — die sogenannte Audionversuchserlaubnis einzuholen, wobei die nachstehend abgedruckten gesetzlichen Bestimmungen zu beachten sind. Nun erst kann er an den in folgenden Blättern beschriebenen Bau eines Röhrenempfängers herangehen, wobei ihn das vorliegende Bändchen unterstützen will. Der Selbstbau eines solchen Apparates wird den Amateur mit der Wirkungsweise der Einzelteile sowohl, als auch der Gesamtapparatur vertraut machen, so daß er den wissenschaftlichen und Lehrbüchern leichter zu folgen vermag. Er wird die Freude kennen lernen am Suchen und Finden fernerer Sender und die größere Freude an einer Darbietung teilzuhaben, deren Ursprung Hunderte von Kilometern entfernt liegt.

Wenn dann der Erbauer in dem Bewußtsein, mit der Unendlichkeit in Berührung zu kommen, mit der fertigen Apparatur genußreiche Stunden verlebt, ist der Zweck dieses Büchleins voll und ganz erreicht.

Zum Schluß ist es mir eine angenehme Pflicht, der Verlagsbuchhandlung Julius Springer an dieser Stelle meinen Dank für die Ausstattung dieses Bändchens auszusprechen.

Ich danke ferner Herrn Dr. Nesper für Beratung bei der Abfassung des Inhalts, sowie Herrn Dr. Stoye für freundliche Durchsicht und Lesung der Korrektur.

Berlin, im Februar 1925.

Karl Treyse.

Inhaltsverzeichnis.

Seite
Die Vorarbeiten 1
Der Bau des Empfängers 4
  1. Die Kopplungsvorrichtung. 4
  2. Die Abstimmkondensatoren 14
  3. Die Audion-Röhre mit Anschlußsockel 16
  4. Der veränderliche Heizwiderstand 18
  5. Die Festkondensatoren 21
  6. Der Gitterableitungswiderstand 23
  7. Das Telephon 24
  8. Der Antennenschalter 24
  9. Das Grundbrett und die Anschlußleiste. 26
  10. Die Schaltung 26
  11. Antenne und Erdung 27
  12. Anoden- und Heizbatterie 29
Der Empfang 29
Bau eines Empfängers mit Rückkopplung 30
Der Einröhren-Empfänger in Doppelverstärker-Schaltung 33
Anhang:
  a) Fehler und ihre Abhilfe 35
  b) Einige Gebote für Radioamateure 35
  c) Gesetzliche Bestimmungen 36

Bezeichnungen der Radiotelegraphie und Radiotelephonie.

Symbol	Bezeichnung	Symbol	Bezeichnung
	Galvanisches Element, Akkumulatoren, Batterie.		Unveränderliche Selbstinduktionsspule.
	Regulierbarer Schiebekontakt.		
	Steckkontakt.		Honigwabenspule (Honeycombcoil).
	Klemmenanschluß.		
	(Ohmscher) Widerstand.		Veränderliche Selbstinduktionsspule, Schiebespule, Variometer
	Eisen-Wasserstoffwiderstand.		Kopplung.
	Schalter.		
			Unveränderlicher Kondensator, Blockkondensator.
	Mehrpoliger Schalter.		Veränderlicher Kondensator, Drehplattenkondensator.
	Transformator.		Kristalldetektor.
	Vakuumröhre (Kathodenröhre).		Telephon.
			Erde.

Die Vorarbeiten.

Nach Erhalt der Baugenehmigung macht man zweckmäßig eine kleine Aufstellung darüber, welche Einzelteile notwendig sind und welche notwendigen Einzelteile von Hand angefertigt werden sollen. Um uns eine solche Liste aufstellen zu können, ist aber wieder vor allen Dingen die Wahl des Schaltungsschemas vonnöten. Damit sind wir jetzt beim Uranfang angelangt. Wir wählen z. B. als Schaltungsschema die Abb. 1 (aus Treyse,

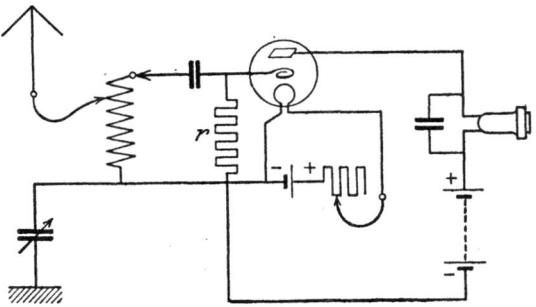

Abb. 1. Schaltungsschema.

Schaltungsbuch für Radioamateure, Bd. 3[1]) der Bibliothek des Radioamateurs) und bringen es gleich in eine für unsere Zwecke passende Form, indem wir es zum Montageschema erweitern und zwei abstimmbare Kreise, also Sekundärempfang vorsehen. Der im Montageschema Abb. 2 die beiden Spulen verbindende Pfeil deutet die Veränderlichkeit der Kopplung an. Die durch ihre Symbole (siehe Bezeichnungen S. VIII) dargestellten Einzelteile sind mit Zahlen versehen und in der nachstehenden Liste zusammengestellt. Die mit einem Stern versehenen Teile werden wir selbst anfertigen. Wir lassen uns durch die sehr umfangreich erscheinende Liste nicht abschrecken, sondern beginnen sofort mit der Arbeit, indem wir uns eine bildliche Darstellung unseres Empfängers herstellen, denn jetzt lautet die Frage:

[1]) 2. Auflage, Abb. 21, Berlin: Julius Springer. 1924.

Treyse, Röhrenempfänger.

2 Die Vorarbeiten.

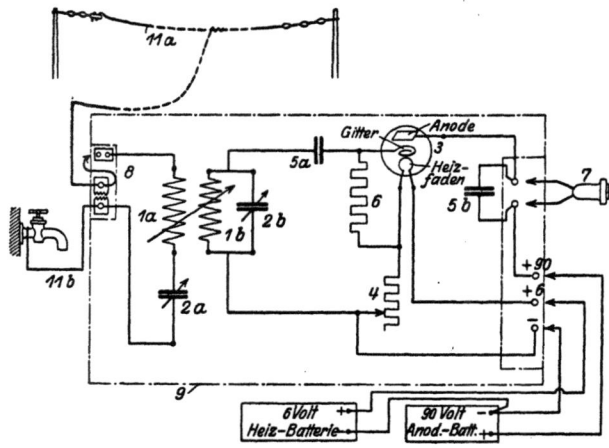

Abb. 2. Montageschema.

Liste der Einzelteile zu Abb. 2.
*1 (a und b): Kopplungsvorrichtung.
*2 (a und b): Abstimmkondensatoren.
 3: Audion-Röhre mit Anschlußsockel.
*4: Veränderlicher Heizwiderstand.
*5 (a und b): Festkondensatoren.
*6: Gitterableitungswiderstand.
 7: Fernhörer.
*8: Antennenschalter.
*9: Grundbrett und Anschlußleiste.
*10: Schaltung.
*11a: Antenne.
*11b: Erdleitung.
 12: Anoden- und Heizbatterie.

Wie soll unser Empfänger aussehen?
Mit kurzen Worten so, wie Abb. 3 zeigt: Auf einem flachliegenden Grundbrett, welches vier Porzellanisolatoren als Stützfüße erhält, sind alle Einzelteile mit Ausnahme der Batterien und des Telephons übersichtlich und leicht kontrollierbar angebracht.
Welche Aufgaben haben nun die genannten Einzelteile zu erfüllen?
Der Vorgang bei Einstellung eines derart geschalteten Empfängers auf Empfang ist nun folgender: Die mit der Zahl 11a bezeichnete Antenne fängt die Wellen auf und führt dieselben über den auf Empfang gestellten Antennenumschalter 8 dem Antennenkreis zu, welcher aus der Selbstinduktionsspule 1a

Die Vorarbeiten. 3

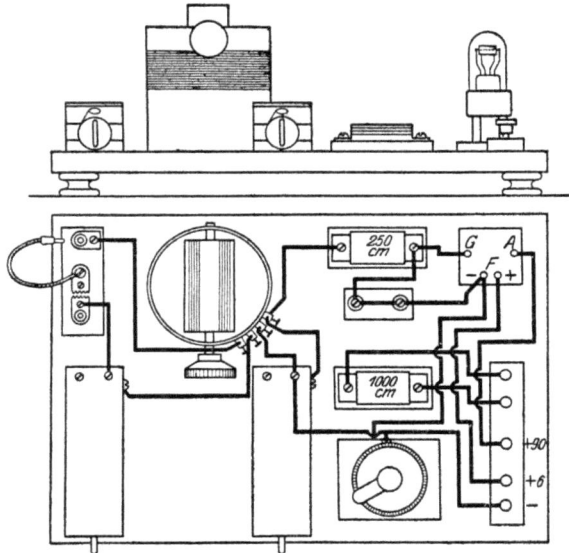

Abb. 3. Gesamtansicht des Empfängers.

und dem Abstimmkondensator 2a besteht. Letzterer ist direkt mit der Erde 11b, in unserem einfachsten Falle der Wasserleitung, verbunden. Induktiv mit der Antennenspule 1a ist die Sekundärspule 1b gekoppelt, welcher der Sekundärkreis-Abstimmkondensator 2b parallel geschaltet ist. Der Sekundärkreis ist auf den Antennenkreis abgestimmt und führt seinerseits die Schwingungen über den Gitterkondensator 5a dem Gitter der Röhre 3 zu. Jetzt setzt die Tätigkeit der Röhre ein, welche in drei verschiedenen Kreisen vor sich geht. Der Gitterkreis besteht aus Gitter, Glühkathode (Heizfaden) und Gitterableitungswiderstand. Der Heizkreis verbindet den Pluspol der Heizbatterie mit dem Heizfaden, welcher seinerseits über den Heizdraht-Regulierwiderstand mit dem Minuspol der Heizbatterie verbunden ist. Im Anodenkreis liegen Anode, Telephon mit Parallelkondensator, Anodenbatterie, Heizdraht-Regulierwiderstand und Glühkathode (Heizfaden). Nach Einschalten des Regulierwiderstandes 4 kommt der Heizfaden der Röhre 3 vermittelst der 6-Voltheizbatterie zum Glühen, und es werden aus dem glühenden Heizfaden Elektronen ausgestoßen, welche auf die Heizfaden und

1*

Gitter umschließende Anode auftreffen. Die Elektronen bilden in dem an dieser Stelle unterbrochenen Anodenkreis eine Brücke für den aus der Anodenbatterie gespeisten Anodenstrom. Jede Änderung der Gitterspannung ruft auch eine Änderung des Anodenstromes hervor: der Anodenstrom wird durch das Gitter gesteuert, und zwar durch die im Sprach- oder Musikrhythmus moduliert erscheinenden auf das Gitter auftreffenden Schwingungen. Das Telephon 7 übernimmt dann die in der Röhre gleichgerichteten Schwingungen und trägt sie dem menschlichen Ohr zu.

Der Bau des Empfängers.

1. Die Kopplungsvorrichtung.

Nach den Vorschriften der RTV. beträgt der Wellenbereich für einen Sekundärrundfunkempfänger 250—700 m. Um diesen Bestimmungen gerecht zu werden, müssen die Wicklungen der Spulen entsprechend dimensioniert sein. Die Aufgabe lautet:

Welche Abmessungen muß eine Selbstinduktionsspule für eine größte Wellenlänge von $\lambda = 700$ m erhalten, wenn sie mit einem Abstimmkondensator von $C = 1000$ cm größter Kapazität benutzt werden soll? Die Antwort finden wir in nachfolgenden Tafeln, Kurven und Tabellen[1]).

Als Wickeldraht stehe uns Kupferlitze $56 \times 0{,}07 \oslash$ einmal Seide, einmal Baumwolle umsponnen zur Verfügung; durch seine Isolierung erhält diese Litze einen Außendurchmesser von 1,02 mm, so daß auf 10 cm Wickellänge 98 Windungen kommen würden. Aus Abb. 4 ist zu ersehen, daß wir die Veränderlichkeit der Kopplung dadurch erreichen wollen, daß die eine Spule sich in der andern drehen soll. Wenn wir nun für die äußere Spule einen Außendurchmesser von 10 cm annehmen, ist uns der Außendurchmesser und die Höhe der Innenspule schon durch die Forderung gegeben, daß sich dieselbe in der Außenspule um 90° drehen

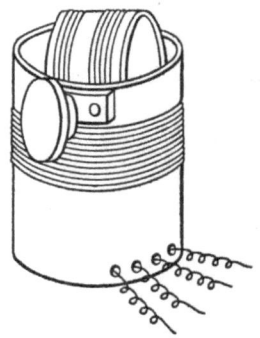

Abb. 4. Gesamtansicht der Kopplungsvorrichtung.

---

[1]) Aus Nesper: Der Radioamateur (Broadcasting), 5. Aufl. Berlin: Julius Springer 1924.

lassen muß: die Maße dürfen nicht mehr als 8,5 cm im Durchmesser und 4 cm in der Höhe betragen.

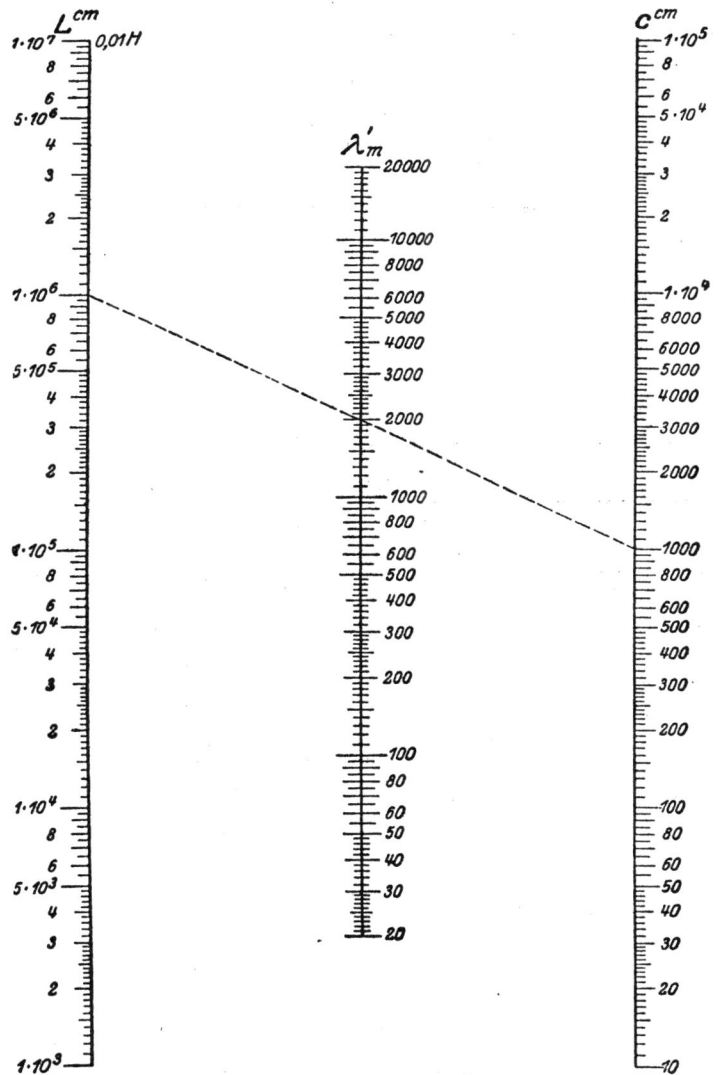

Abb. 5. Nomographische Tafel. Wellenlänge λ, Selbstinduktion (L) und Kapazität (C).

6   Der Bau des Empfängers.

Die notwendige Selbstinduktion können wir aus der Nomographischen Tafel Abb. 5 entnehmen. Man benutzt die Tafel, indem man durch ein vielleicht durchsichtiges Lineal die beiden bekannten Größen verbindet und die dritte Größe abliest. Wir

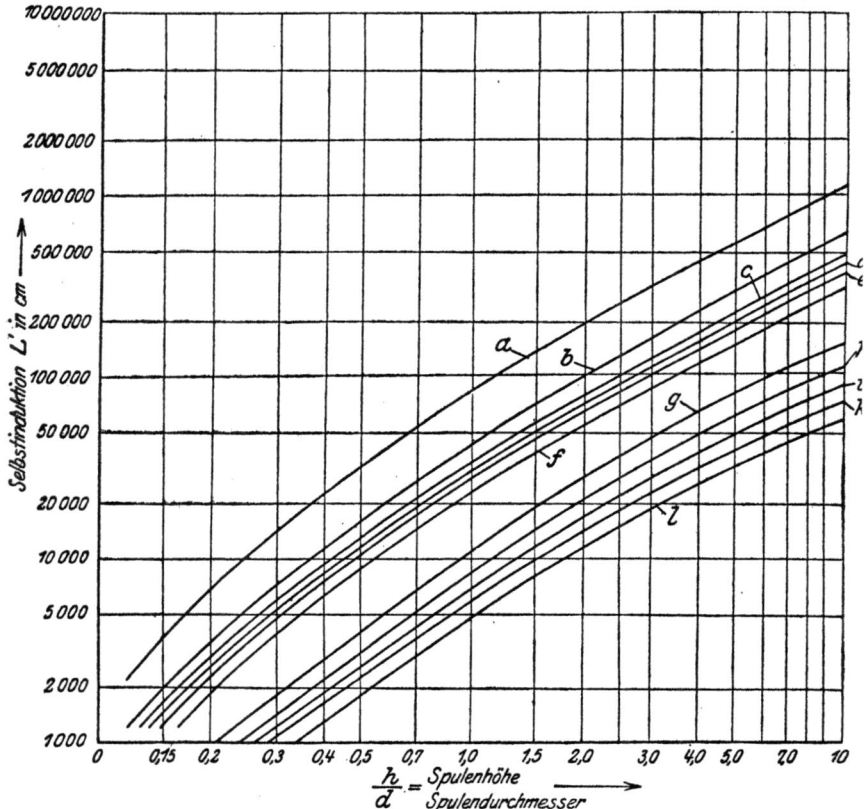

Abb. 6. Abhängigkeit von L und h/d.

ersehen, daß zur Erzielung einer Wellenlänge von $\lambda = 700$ m bei einer Kapazität von $C = 1000$ cm eine Selbstinduktion von $L = 130000$ cm gehört.

Die oben gewählte Drahtsorte hat in der Tabelle 1 S. 8 und in der Kurventafel Abb. 6 den Kennbuchstaben a. Für einen Spulendurchmesser von 5 cm kann man nun aus der Kurventafel

Die Kopplungsvorrichtung. 7

Abb. 6 entnehmen, daß bei einer Selbstinduktion von $L = 130\,000$ cm das Verhältnis $h/d = 1{,}4$ ist. Da der Spulendurchmesser aber nicht 5, sondern 10 cm sein soll, müssen wir eine Zwischenrechnung vornehmen und suchen uns erst f in Abb. 7 auf. Wir finden

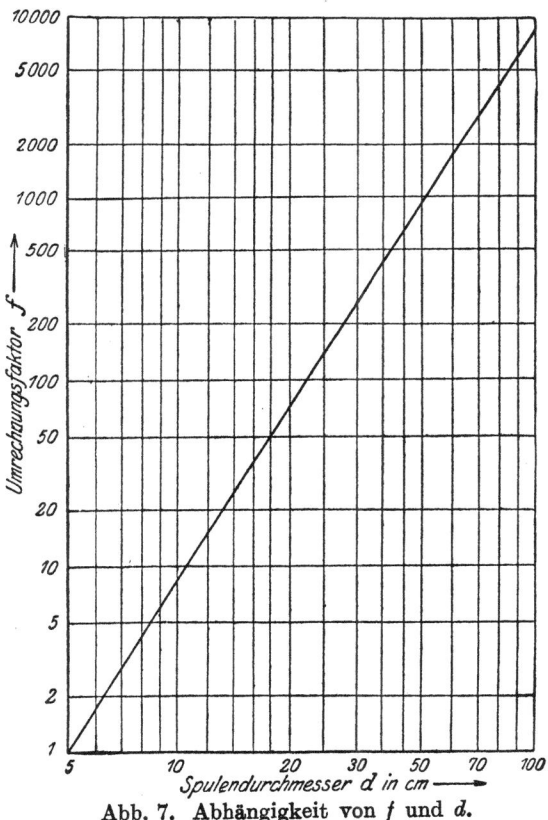

Abb. 7. Abhängigkeit von f und d.

$f =$ ca. 9. Aus dem gewählten L und dem gefundenen f ermitteln wir L_1, indem wir L durch das soeben ermittelte f dividieren. Also
$$L/f = L_1;\ 130\,000 : 9 = 14\,500.$$
Jetzt suchen wir für L_1 in Abb. 6 das zugehörige h/d auf und finden für 14 500 den Wert 0,3. Hieraus ergibt sich bei einem Durchmesser von $d = 10$ cm eine Spulenlänge von 3 cm und eine Gesamtwindungszahl von 30 Windungen.

Der Bau des Empfängers.

Tabelle 1.

Kurve	Lackdrahtlitze	Isolierung	Anzahl der Windungen auf 10 cm
a	56 × 0,07 mm ⌀	1× Seide, 1× Baumw. umsponnen	98 Windungen
b	130 × 0,07 mm ⌀	1× ,, 1× ,, ,,	72 ,,
c	133 × 0,07 mm ⌀	1× ,, 2× ,, ,,	64 ,,
b	154 × 0,07 mm ⌀	1× ,, 1× ,, ,,	72 ,,
c	154 × 0,07 mm ⌀	1× ,, 2× ,, ,,	64 ,,
d	175 × 0,07 mm ⌀	1× ,, 2× ,, ,,	60 ,,
e	210 × 0,07 mm ⌀	1× ,, 2× ,, ,,	57 ,,
f	240 × 0,07 mm ⌀	1× ,, 2× ,, ,,	52 ,,
g	1,5 ⌀ × 21 × 19 × 0,07 mm ⌀	2× ,, ,,	36 ,,
h	2 ⌀ × 28 × 19 × 0,07 mm ⌀	2× ,, ,,	31 ,,
i	2,5 ⌀, 35 × 19 × 0,07 mm ⌀	2× ,, ,,	28 ,,
k	3 ⌀, 41 × 19 × 0,07 mm ⌀	2× ,, ,,	26 ,,
k	4 ⌀, 56 × 19 × 0,07 mm ⌀	2× ,, ,,	26 ,,
l	5 ⌀, 68 × 19 × 0,07 mm ⌀	2× ,, ,,	23 ,,
l	5 ⌀, 147 × 19 × 0,07 mm ⌀	2× ,, ,,	23 ,,

Wir stellen für den großen Körper die ermittelten Werte zusammen und erhalten:
Außendurchmesser des Spulenkörpers = 10 cm,
Höhe der Wicklung: = 3 cm,
Anzahl der Windungen = 30.

Die Länge der Litze $(d \times \pi \times 30) = 10 \times 3{,}14 \times 30 = 13{,}5$ m absolut erhöht sich um einen kleinen Zuschlag für die Befestigungs- und Anschlußenden, so daß wir erhalten: für die Primärkopplungsspule 14 m Litze $56 \times 0{,}07 \oslash$.

Wenn man die Fachliteratur der letzten Zeit eingehend verfolgt hat, wird man feststellen, daß die Bestrebungen dahin gehen, dem Amateur, hauptsächlich dem Nichttechniker einfache Mittel an die Hand zu geben, um selbstherzustellende Spulen leicht vorher berechnen zu können. So wird z. B. im Heft 11 des Radio-Amateurs vom 4. Juli 1924 auf eine Selbstinduktionsrechenmaschine aufmerksam gemacht, welche von Batcher in der Julinummer 1923 der Radio-News angegeben wird. Inwieweit mit dieser Maschine, welche aus zwei aufeinander drehbar angeordneten Skalen besteht, Erfolge erzielt wurden, entzieht sich meiner Kenntnis. Andere Vorschläge zeigen sogenannte Faustformeln, denen aber ebenfalls Ungenauigkeiten anhaften; die sicherste Methode ist die hier benutzte und in der Drahttabelle I und den Kurven Abb. 5, 6 und 7 niedergelegte Berechnung.

Alle anderen Berechnungsarten nehmen jedoch keine Rücksicht mehr auf die Drahtstärke selbst, in den meisten Fällen wird ein Durchmesser des Kupferdrahtes von 0,5 mm mit gutem Erfolg

Die Kopplungsvorrichtung.

vorgeschlagen. Man sollte jedoch mit dem Durchmesser unter einem Querschnitt von 0,75 qmm nicht heruntergehen, damit in der Empfangsspule selbst die Verluste möglichst gering werden. Die äußerst schwachen Ströme, mit denen wir hier rechnen müssen, verlangen sorgsamste Behandlung aller einzelnen Teile, um spätere Mißerfolge auszuschließen. Man achte beim Wickeln der Spulenkörper vor allem darauf, daß die Isolation des Drahtes an keiner Stelle verletzt wird, denn je schlechter die Isolation, desto mehr Ableitung, also desto geringerer Empfang ist zu befürchten.

Nehmen wir an, wir würden unsere fertig gewickelte Spule an Antenne und Erde legen, so würde die Spannung, welche durch die ankommende Schwingung des fernen Senders in unserm System Antenne, Spule, Erde hervorgerufen würde, einen Wert besitzen, den wir zu 100% einsetzen können. Siehe Abb. 8. Hiervon benötigt die Antenne einschließlich Zuleitung ungefähr 60%. Nimmt man für die Erdleitung 10% an, dann bleiben für die Spule noch 30% übrig, deren Auswirkung durch schlechte Isolation noch verringert werden kann.

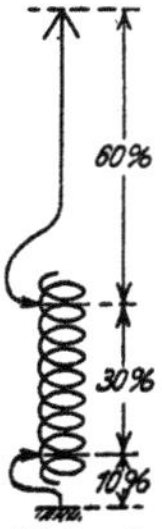

Abb. 8.

An dieser Stelle soll darauf hingewiesen werden, daß nichts im Wege steht, entsprechend dem theoretischen Schaltbild, Abb. 1, zunächst versuchsweise einen Primär-Empfänger zu fertigen und später getreu einer instruktiven Weiterentwicklung den Apparat zu einem Sekundär-Empfänger zu erweitern. Die Spule müßte dann zweckentsprechend einige Windungen mehr, nämlich 50 Windungen erhalten und zwar mit Unterteilungen von 5 zu 5 Windungen. Man verfährt dabei in der Weise, daß man kurze Messingbuchsen in welche später die Anschlußstöpsel gesteckt werden, mit dem blankgemachten Wicklungsdraht fest umwickelt und leicht verlötet und dann in der Bewicklung weiter fortfährt bis zur nächsten fünften Windung, wo wieder eine Unterteilungsbuchse angebracht wird.

Abb. 9 zeigt das zu Abb. 1 gehörende praktische Schaltbild. Nach Fertigstellung der Spule in diesem Sinne und ihrer Befestigungsmöglichkeit auf der Grundplatte fährt man im Bau bei der Herstellung der Abstimm-Kondensatoren fort.

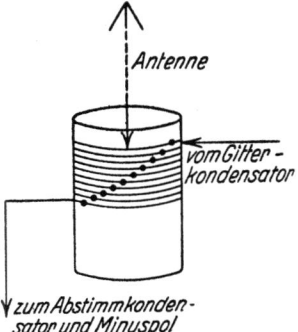

Abb. 9.

Der Bau des Sekundär-Empfängers wird jedoch in der Weise fortgesetzt, daß die feste äußere Spule in der zuerst angegebenen Art vollendet wird und dann die bewegliche Innenspule gefertigt wird.

Für die bewegliche Innenspule, welche ja nur einen Außendurchmesser von 8,5 cm besitzen darf, müssen wir den zweiten Teil der Rechnung, aber mit dem Wert 8,5 durchführen. Also f aus Abb. 7 für $8,5 = 5$, woraus

$$L_1 = 130000 : 5 = 26000.$$

Das zugehörige h/d ist für $26000 = 0,41$ und bei einem Durchmesser von 8,5 ist $h = 3,5$ cm, was eine Gesamtwindungszahl von 35 ergibt.

Wir stellen auch für den drehbaren Spulenkörper die ermittelten Werte zusammen und erhalten:
Außendurchmesser des Spulenkörpers $= 8,5$ cm,
Höhe der Wicklung $= 3,5$ cm,
Anzahl der Windungen $= 35$.

Die Länge der Litze $(d \times \pi \times 35) = 8,5 \times 3,14 \times 35 = 7,5$ m absolut erhöht sich um einen kleinen Zuschlag für die Befestigungs- und Anschlußenden, so daß wir erhalten: für die Sekundärkopplungsspule 8 m Litze $56 \times 0,07 \varnothing$.

Zur Kontrolle unserer Rechnung benutzen wir eine Formel, welche Prof. Wigge in Heft 11 des Radio-Amateur S. 278 angibt. Die Formel lautet

$$L = 10,5 \cdot n^2 \cdot D \cdot \sqrt{\frac{D}{U}}, \text{ wenn } \frac{D}{U} \text{ zwischen 1 und 3 liegt.}$$

Hierin bedeute U den Umfang des rechtwinkligen Wicklungsquerschnittes und n die Gesamtwindungszahl. Dann ist

$$L = 10,5 \cdot 35 \cdot 35 \cdot 8,5 \cdot \sqrt{\frac{8,5}{6,8}};$$
$$L = 10,5 \cdot 1225 \cdot 8,5 \cdot 1,115 = \sim 130000 \text{ cm}.$$

Zur Herstellung der Wicklungskörper benutzen wir Pappbogen von 0,5 mm Stärke und schneiden dieselben in Größen von 126 cm Länge und 12 cm Breite für die feststehende Spule und von 106 cm Länge und 4 cm Breite für die bewegliche Spule zu. Nachdem wir jeden Streifen einseitig mit Klebemasse bestrichen haben, rollen wir dieselbe zu je einem Zylinder zusammen, deren äußere Durchmesser einmal 10 cm bei 12 cm Höhe für die feststehende Spule, und zweitens 8,5 cm bei 4 cm Höhe für die bewegliche Spule wird. Sollten die angegebenen Längen und Stärken nicht zur Verfügung stehen, dann können auch andere Längen und Stärken so verleimt werden, daß in jedem Falle ein Körper von 2 mm Wandstärke ent-

Die Kopplungsvorrichtung. 11

steht. Wir haben damit zwei Spulenkörper erhalten, deren weitere Behandlung aus den Abb. 11 und 12 zu ersehen ist.

Skizze *a* der Abb. 11 zeigt den fertig geklebten großen Zylinder, während Skizze *b* die darin vorzunehmenden Bohrungen kenntlich macht. Bei den beiden Bohrungen 11 mm ⌀ und 6 mm ⌀ wäre zu beachten, daß dieselben genau in einer Richtung liegen, was durch die strichpunktierte Linie in Skizze *c* angedeutet sein soll. Skizze *d* zeigt die aus einem Holzstab, am besten Weißbuchenholz, hergestellte Welle, und Skizze *c* einen erst bei Montage anzubringenden Deckstreifen aus Pappe von 2 mm Stärke. Die fünf ohne Maße angegebenen kleinen Bohrungen sind 1,5 mm im Durchmesser in einem Abstande von 1 cm zu halten und dienen zur Befestigung der Wicklung. Man erkennt dann noch zwei gegenüberliegende Bohrungen von 4 mm ⌀, welche die spätere Befestigung des Spulenkörpers auf der Grundplatte gestatten sollen. Außerdem sind vier Bohrungen von 3 mm Durchmesser zur Aufnahme der Anschlußklemmen vorgesehen. Nachdem alle diese Bohrungen vorgesehen sind, wird der Zylinder in ein flaches Gefäß mit flüssigem Paraffin getaucht und gedreht, so daß er überall zur Verbesserung seiner Isolation mit einer dünnen Paraffinschicht bedeckt ist. Hierbei wäre zu beachten, daß Paraffin ohne offene Flamme zum Schmelzen gebracht werden muß.

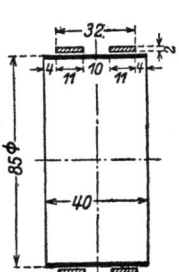

Abb. 10. Anordnung der Wicklung auf dem beweglichen Zylinder.

Das Wickeln geht nun so vor sich, daß wir zunächst das eine Ende der Litze in einer Länge von ca. 3 cm von seiner Isolation befreien und auch die Lackschicht der Einzeldrähte entfernen.

Im Radio-Amateur 1924, Seite 764 empfiehlt Dr. Zickner für die Entfernung der Isolation von Emaillelitzen die Anwendung einer gesättigten Lösung von Kaliumbichromat in konzentrierter Schwefelsäure mit nachfolgender Abspülung in Sodalösung.

Nun stecken wir dieses Ende durch die eine der unteren kleinen Bohrungen, um es bei der andern wieder herauszuziehen, und zwar in einer Länge von ungefähr 10 cm und dann später an die äußere rechte Anschlußklemme anzuschließen. Jetzt beginnen wir mit dem Wickeln, und zwar derart, daß die einzelnen Windungen fest nebeneinander zu liegen kommen, bis alle 30 Windungen aufgewickelt sind. Das andere Ende ziehen wir wieder durch die Bohrungen hindurch, so daß es 10 cm aus der dritten Bohrung in das Innere des Spulenkörpers hineingeführt ist und später an die zweite Anschlußklemme angeklemmt werden kann, nachdem es, wie schon oben beschrieben, von seiner Isolation befreit worden ist und auch die einzelnen Drähte der Litze blank gemacht worden sind.

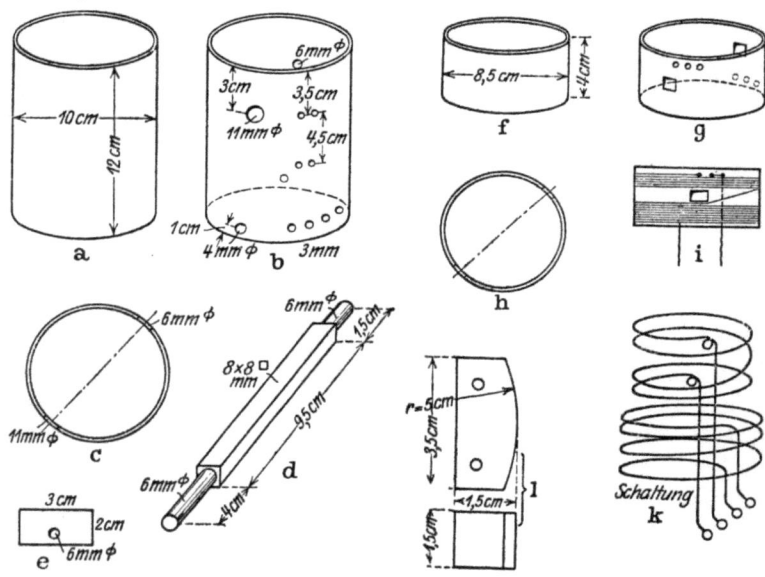

Abb. 11. Einzelteile für den festen Zylinder der Kopplungsvorrichtung.

Abb. 12. Einzelteile für den beweglichen Zylinder der Kopplungsvorrichtung und Befestigungsteile.

Die Herrichtung der beweglichen Spule zeigt Abb. 12. In Skizze f sehen wir den fertiggeklebten beweglichen Zylinder, während Skizze g die Bohrungen angibt, die notwendig sind, um Welle und Wicklung zu befestigen. Die quadratischen Öffnungen müssen der Stärke der Welle von 8×8 mm entsprechen und einander genau gegenüber liegen, wie es in Skizze h durch die strichpunktierte Linie angedeutet ist. Jetzt ist der Zylinder ebenso zu paraffinieren, wie schon oben beschrieben wurde. Auch die Wicklung des Körpers ist in genau derselben Weise vorzunehmen, wie es für die feststehende Spule angegeben wurde, wobei Abb. 10

Die Kopplungsvorrichtung. 13

die genaue Lage der Wicklung zeigt. Auch Skizze *i* (Abb. 12) läßt erkennen, daß die Wicklung erstens in zwei Lagen und zweitens in zwei Teilen erfolgen muß, da der Raum für die Welle zu berücksichtigen ist. Die freien Enden der Wicklung sind je 20 cm lang zu halten. In Skizze *k* ist eine schematische Darstellung der Schaltung gegeben, welche die beiden Spulen und ihre getrennten Anschlüsse deutlich erkennen läßt. Diese Anschlüsse bestehen am besten aus käuflichen Anschlußklemmen mit Hartgummihauben, ähnlich der Abb. 13, welche in die vier Öffnungen der festen Spule einzusetzen sind. Man kommt aber auch mit einfacheren Mitteln aus, indem man ungefähr nach Abb. 14 verfährt. Hier ist eine gewöhnliche Metallschraube mit 3—4 mm Gewindedurchmesser mit Scheiben und Muttern verwendet ge-

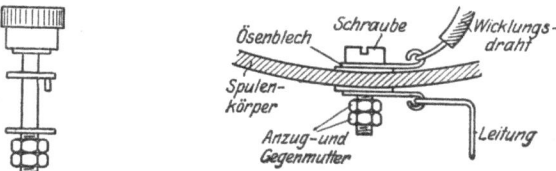

Abb. 13. Anschlußklemmen. Abb. 14. Herstellung der Anschlüsse.

dacht und die anzuschließenden Drähte sind unter Verwendung kleiner zur Öse gebogener Blechstreifen, in welche der Draht eingelötet wird, mit der Schraube und damit miteinander verbunden.

Die Montage der Kopplung erfolgt nun in der Weise, daß man die Welle durch die beiden ineinandergesteckten Spulen hindurchschiebt und das Schlußstück vom Paraffin befreit hat. Ein auf das herausragende längere Ende der Welle aufgeleimter Flansch einer entsprechend großen Garnrolle erleichtert die Bedienung der Kopplung.

Die lang genug gehaltenen Enden der Wicklung der beweglichen Spule werden je einmal um die Achse herumgeführt, siehe die Schleifen in Skizze *k* (Schaltung) der Abb. 12, um dann an die beiden linken Klemmen angeschlossen zu werden.

Zur Befestigung der Kopplung auf dem Grundbrett stellt man dieselbe an die Stelle, welche sie später einnehmen soll und fährt innen mit einem Bleistift an der Kontur entlang, wodurch der Ort genau gekennzeichnet ist. Man bringt dann die beiden Befestigungsstücke nach Skizze *l* der Abb. 12, welche wir ebenfalls aus Weißbuchenholz herstellen, einander diametral gegenüber an, und zwar an der Peripherie des gezeichneten Kreises durch je zwei halbrundköpfige Holzschrauben mit den Abmessungen 25 × 40. Nun setzt man die Spule darüber und schraubt sie mit je zwei Rundkopfholzschrauben 15 × 35 unter Beilegung von je einer Unterlegscheibe an den Befestigungsstücken fest. In nachfolgender Liste fassen wir alles zusammen, was zur Herstellung der Kopplung benötigt wird.

Ein Pappstreifen 126 cm lang, 12 cm breit, 0,5 mm stark,
Ein Pappstreifen 106 cm lang, 4 cm breit, 0,5 mm stark,
Eine Holzwelle 15 cm lang, 8 × 8 mm stark (Weißbuchenholz),
Zwei Holzstücke je 3,5 cm lang, 1,5 cm breit, 1,5 cm hoch,
Einen Flansch einer großen Garnrolle als Knopf,
Einen Pappstreifen 3 cm lang, 2 cm breit, 2 mm stark,
Vier Anschlußklemmen komplett (Abb. 13) oder vier Metallschrauben 4 mm Gewindedurchmesser, 15 mm Gewindelänge mit je zwei Scheiben, zwei Muttern, zwei Lötösen, Abb. 14.
30 m Litze 56 × 0,07 $\varnothing$.
Vier Holzschrauben 25 × 40 mit Rundkopf,
Zwei Holzschrauben 15 × 35 mit Rundkopf,
Etwas Klebemasse zum Kleben der Spulenkörper und einige Gramm Paraffin zum Überziehen derselben.

Steht dem Amateur ein Wellenmesser zur Verfügung, dann wäre es ratsam, jetzt eine Wellenmessung vorzunehmen, wobei die Kondensatoren allerdings schon fertiggestellt sein müßten.

2. Die Abstimm-Kondensatoren.

Einen veränderlichen Kondensator einfachster Art für Selbstherstellung beschreibt Dr. E. Nesper im 7. Heft der Bibliothek für Radioamateure, der Detektorempfänger. Berlin: Julius Springer[1]). Abb. 15 gibt eine Seitenansicht dieses Kondensators, aus welcher die Konstruktion und Wirkungsweise deutlich zu erkennen sind. Auf einer Grundplatte a aus paraffiniertem Holz ist die eine Belegung b aus Stanniol aufgeklebt und mit einer Holzschraube m als Anschluß versehen. Die Abmessungen sind aus den beigegebenen Maßen ersichtlich. Auf die erste Belegung b wird das Dielektrikum c aus paraffiniertem Kartonpapier durch Kleben befestigt und darauf kommt die zweite Belegung d aus hartem Messingblech, welche vermittels des Fiberstreifens e durch

---

[1]) Auf ausdrücklichen Wunsch des Herrn Dr. Nesper wurden diese Kondensatoren auch für den Röhrenempfänger gewählt.

Die Abstimm-Kondensatoren.

die beiden Schrauben f, von denen die eine als Anschlußschraube der zweiten Belegung dient, auf der Grundplatte a befestigt wird. Das Blech als Belegung d ist mit Vorspannung zu versehen, so daß es immer das Bestreben hat, sich von der ersten Belegung zu entfernen. Ein dünner Metalldraht, vielleicht ein dünnes Drähtchen aus der Antennenlitze, ist durch die Schraube g an die zweite Belegung vermittelst eines Fiberstückchens ähnlich e angeschraubt und um eine in der Grundplatte a drehbar gelagerte Rolle h mit Skala l und Drehknopf i gewickelt. Dreht man den Knopf in der einen oder anderen Richtung, dann nähert oder entfernt man die beiden Belegungen einander und vergrößert oder verkleinert damit die Kapazität. Die wirksame Fläche beträgt 12,5 × 4 cm, während das Dielektrikum 0,03 mm stark ist. Die größte erreichbare Kapazität C in cm berechnet sich dann wie folgt nach der Formel:

$$C_{cm} = K \cdot \frac{F^{cm^2}}{4\pi \cdot s}.$$

Hierbei ist K die Dielektrizitätskonstante für paraffiniertes Papier, welche man mit 1,5 einsetzen kann, F die wirksame Fläche in cm² und s die Stärke des Dielektrikums, also der Abstand der beiden Belegungen voneinander. Setzen wir die Werte ein, dann erhalten wir:

$$C_{cm} = 1{,}5 \cdot \frac{12{,}5 \times 4}{4 \cdot 3{,}14 \cdot 0{,}003} = 1{,}5 \cdot \frac{50}{12{,}56 \cdot 0{,}003} = \sim 2000 \text{ cm}.$$

Da die Anordnung die feinsten Veränderungen der Kapazität zuläßt und durch geringe Drehung des Knopfes die Kapazität rasch abnimmt, rechnen wir mit einem mittleren Wert von $C = 1000$ cm.

3. Die Audionröhre mit Anschlußsockel.

Die Wirkungsweise der Elektronenröhre besteht bekanntlich darin, daß die im Rhythmus der Sprach- oder Musikschwingungen veränderte Trägerwelle über die Antenne und die Abstimmkreise dem Gitter zugeführt wird und hier den zwischen Anode und Glühkathode fließenden Anodenstrom steuert. Der Anodenstrom kann auf der Gasstrecke Anode—Kathode nur dann fließen, wenn die Kathode Elektronen aussendet, was aber nur geschehen kann, wenn die Kathode zur Gelbglut erhitzt wird. Der Heizstrom hierfür wird einer Heizbatterie (Akkumulatoren) entnommen, welche sich in ihren Verhältnissen den erforderlichen Stromstärken und Spannungen anzupassen hat. Die zur Zeit der Niederschrift dieser Abhandlung gebräuchlichsten Dreielektrodenröhren benötigen als Heizstrom 0,5 Amp. bei 3 bis 6 Volt Heizspannung, während die Anodenspannung 50—100 Volt beträgt. Es gibt auch Röhren mit geringerem Wattverbrauch und man ist bestrebt, Heizstrom- und Heizspannung so niedrig wie möglich zu halten.

Die normalen Röhren haben vier Kontaktstifte, von denen zwei dem Heizbatterieanschluß dienen, der dritte zum Gitter und der vierte stärkere zur Anode führen. In der Abb. 16 sind Anschlußsockel einiger Elektronenröhren im Grundriß mit Abmessungen wiedergegeben. Die mit den Buchstaben H gekennzeichneten Kontaktstifte führen zum Heizdraht, die mit G gekennzeichneten

Die Audionröhre mit Anschlußsockel.

zum Gitter, alle drei haben eine Stärke von 4 mm. Für den Anodenanschluß ist bei Sockeln nach Abb. 16a eine Buchse von 4 mm Innendurchmesser vorgesehen, um ein falsches Einsetzen der Röhre in die Anschlußplatte unmöglich zu machen.

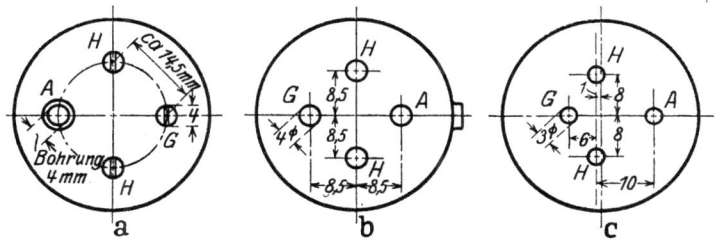

Abb. 16. Ansicht einiger Röhrensockel von unten.

Zu demselben Zweck und zur Kenntlichmachung der Lage des Anodenstiftes wurde bei Röhren mit Sockeln nach Abb. 16b ein Nocken am Röhrensockel vorgesehen, der beim Einsetzen der Röhre in eine entsprechende Aussparung der Anschlußplatte eingreift. Bei Röhren mit Sockeln nach Abb. 16c ist der Anodenstift um einige Millimeter von den näher zusammenstehenden drei anderen Anschlußstiften entfernt, wodurch ebenfalls ein falsches Einsetzen unmöglich gemacht ist.

Passende Anschlußplatten kann man käuflich erwerben; wenn wir dieselbe jedoch selbst herstellen wollen, müssen wir zunächst eine Hartgummiplatte von 4 mm Stärke in den Abmessungen 5 × 5 cm zuschneiden und mit den in Abb. 17 angegebenen Bohrungen zur Befestigung dreier Kontaktfedern und eines Kontaktstiftes sowie mit vier Befestigungslöchern für die Platte selbst versehen. Hartgummi verwenden wir deshalb, weil zwischen Anode und Gitter eine sehr gute Isolation notwendig ist.

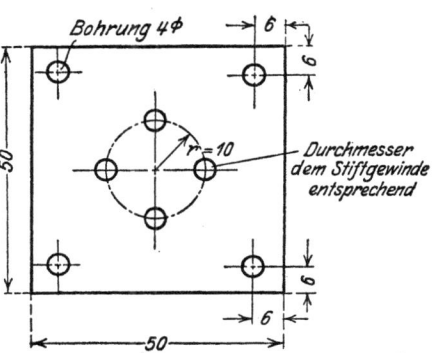

Abb. 17. Anschlußsockel für die Audion-Röhre.

Beim Montieren der Anschlußplatte beachten wir, daß unter jeden Kontaktstift ein Lötblech zu liegen kommt. Die Kontaktstifte kauft man am besten fertig, wobei darauf zu achten ist, daß dieselben zur Röhre passen. Die Lötbleche sind 0,8—1 mm stark aus Messingblech herzustellen und in einer Länge von ungefähr 15 mm bei 8 mm Breite zu halten. Die unter die Platte zu liegen kommenden Scheiben und Muttern finden in einer kreisrunden Aussparung der Grundplatte ihren Platz. Eine Zusammenstellung der zu 3 benötigten Teile ergibt:

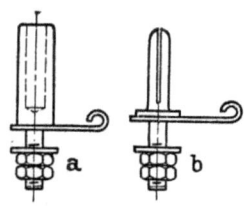

Abb. 18. Stecker und Buchse zum Anschlußsockel für Audionröhre.

Eine Dreielektrodenröhre 3 bis 6 Volt Heizspannung, 50 bis 90 Volt Anodenspannung.
Eine Hartgummiplatte 50 × 50 × 4 mm, Abb. 17
Drei Stecker 4 mm ⌀ außen, Abb. 18b
Eine Buchse 4 mm ⌀ innen, Abb. 18a
Acht Muttern (Sechskant) zum Gewinde der Stecker passend,
Vier Scheiben,
Vier Lötbleche 15 × 8 × 0,8 mm,
Vier Holzschrauben 10 × 40 mit Halbrundkopf.

4. Der veränderliche Heizwiderstand.

Es ist für den Empfang wie für die Lebensdauer des Heizfadens von großem Vorteil, wenn derselbe nicht gleich den vollen Heizstrom erhält, sondern durch einen Vorschaltwiderstand regulierbar geheizt werden kann. Ein solcher Regulierwiderstand besteht im wesentlichen aus einem aufgewickelten Nickelindraht, auf welchem eine Kontaktfeder zur Stromabnahme

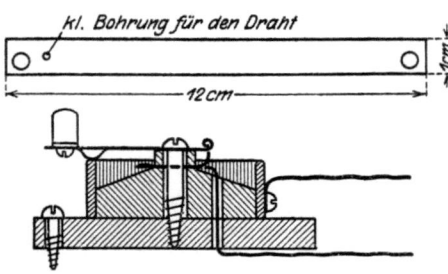

Abb. 19. Veränderlicher Heizwiderstand.

schleift. Wir beschaffen uns ein Stück Fiber in den Abmessungen wie Abb. 19 zeigt und wickeln den inzwischen beschafften Nickelindraht 0,35 ⌀ so auf, daß immer ein kleiner Zwischenraum von ungefähr 1,5 mm entsteht. Am Anfang wird der Draht durch das kleine Loch gezogen und mit der ersten Windung in sich selbst verdreht. Die Windungen liegen dadurch auf dem Fiberstreifen fest auf, daß sie beim Wickeln fest angezogen werden und das Fiber an den Kanten ein wenig eindrücken. Das Ende wird um die Befestigungsschraube des Streifens herumgelegt, diese Schraube dient gleichzeitig als Anschluß. Der zweite Anschluß geht von der Schleiffeder aus, welche eine Lötöse erhält zur Aufnahme einer Litze. Um bei der fortgesetzten Betätigung der Schleiffeder das Abbrechen der Anschlußlitze zu verhüten, ist dieselbe einmal um das Lager, welches weiter unten beschrieben ist, herumgeschlungen. Die Schleiffeder wird mittels einer Holzschraube, die durch das Fiberlager in die Grundplatte hineinragt, so befestigt, daß sie sich bequem betätigen läßt; zur besseren Kontaktgebung ist die Feder mit einer Einkerbung versehen und erhält zur Bedienung ein mit einer kleinen Holzschraube befestigtes Knöpfchen.

Den fertig gewickelten Fiberstreifen legt man um den passend zugearbeiteten Flansch einer Garnrolle und schraubt ihn mittels der obengenannten Holzschrauben fest. Das Ganze kann zweckmäßig auf eine Grundplatte gesetzt werden, unter welche die Zuführungslitze durchgeführt ist.

Wenn wir auch hier die notwendigen Einzelteile aufzählen, erhalten wir:

2,5 m Nickelindraht 0,3 mm stark,
Einen Streifen Fiber 12 cm lang, 10 mm breit, 1 mm stark,
Eine Schleiffeder aus Tombak ca. 0,6 mm stark,
Ein Knöpfchen mit Holzschraube,
Den Flansch einer Garnrolle, ungefähr 37,5 mm Durchmesser,
Eine kleine Platte aus Holz 5 × 5 cm 5 mm stark,
Eine lange Holzschraube 15 × 40,
Zwei Holzschrauben 10 × 30,
Zwei Endchen Litze je ca. 10 cm lang.

Solche veränderliche Heizwiderstände sind auch passend zur Röhre im Handel zu haben.

Die wirksame Größe eines solchen Widerstandes errechnet man nach dem Ohmschen Gesetz, wonach die Spannung gleich ist dem Produkt aus Stromstärke und Widerstand. Benutzt man nun für die Heizung von 6-Volt-Röhren einen 6-Volt-Akkumulator, dann benötigt man mit Rücksicht auf die Anfangsspannung einer neu aufgeladenen Batterie und der Notwendigkeit der Regulierung einen Widerstand von 8—10 Ohm, um die Heizung des Fadens von Null auf volle Gelbglut zu bringen. Diese 10 Ohm erreicht man mit einem im Handel leicht zu beschaffenden Nickelindraht von 0,35 mm Durchmesser, welcher einen Widerstand von ungefähr 4 Ohm je Meter Länge besitzt und von dem wir also 2,5 m benötigen würden. Bei der genannten Stärke des Nickelindrahtes haben wir die Gewißheit, daß der Heizstrom von 0,5 Amp., den die Röhre verlangt, hindurchgelassen wird, ohne daß der Draht unzulässig erwärmt wird.

Der von uns gebaute Widerstand ist groß genug, um bei Vorhandensein eines 6-Volt-Akkumulators auch Röhren für 3,5 Volt Heizspannung zu betreiben. Es wird bei dieser Anordnung die Differenz zwischen den beiden Spannungen im Widerstand vernichtet. Die Formel lautet: Widerstand = Batteriespannung abzüglich Heizspannung dividiert durch Heizstrom. In Zahlen ausgedrückt:

$$w = \frac{(6-3,5)}{0,5} = 5 \text{ Ohm}.$$

Auch hier muß man aber beachten, daß eine gut aufgeladene Batterie nicht 2 Volt, sondern bis 2,5 Volt je Zelle besitzt; eine 6-Volt-Batterie würde also im angezogenen Falle fast 9 Ohm für die 3,5-Volt-Röhre benötigen. Außerdem würde dazu ein Zuschlag für Regulierung kommen, wodurch sich der Widerstand auf 20 Ω erhöhen würde. Es würde sich also empfehlen, mit einer Batterie von nur 4 Volt zu arbeiten.

Will man Thorium- oder Oxyd-Fadenröhren verwenden, dann sei man vor allem darauf bedacht, dieselben nicht zu überheizen, sondern mit den vorgeschriebenen Heiz- (und auch Anoden-) Spannungen zu betreiben. Eine Überheizung macht die Röhre insofern unbrauchbar, als der Oxydbelag des Fadens verdampft und die Elektronenemission aufhört. Da diese Röhren nur geringen Heizstrom gebrauchen, kommt man an Stelle der unbequemen Akkumulatoren mit Trockenbatterien aus. In jedem Falle ist aber zu beachten, daß die Bemessung des Heizwiderstandes von größter Wichtigkeit ist. In der folgenden Tabelle sind die Größen der notwendigen Heizwiderstände für zwei Oxydfadenröhren für verschiedene Stromquellen angegeben.

Die Festkondensatoren.

	Heizspannung	Heizstrom	2 Trockenelemente hintereinander	1 Zwei-Volt-Akkumulator	1 Vier-Volt-Akkumulator
Telefunken Type RE 84	1,4	0,25	6,4 Ω	3,6 Ω	12,8 Ω
Huth Type LE 244 . .	1,3	0,08	21,25 ,,	12,5 ,,	41,25 ,,

Für die Regulierung müßte außerdem eine Zugabe erfolgen, so daß der Gesamtwiderstand das Zwei- bis Zweieinhalbfache der oben angegebenen Zahlen erhält. Wählen wir also für die HuthRöhre LE 244 einen Zwei-Volt-Akkumulator, dann wird die Größe des veränderlichen Heizwiderstandes 30 Ω betragen müssen. Wir benutzen hierzu Nickelindraht 0,2 mm Durchmesser, welcher je Meter einen Widerstand von ungefähr 13 Ω besitzt, wobei wir also wieder mit 2,5 m Drahtlänge auskommen und die Wicklung genau so vornehmen wie bisher.

5. Die Festkondensatoren.

Den Gitterkondensator (5a) zu 250 cm Kapazität und den Telephonkondensator (5b) zu 1000 cm Kapazität stellt man bequem in folgender Weise her. Auf ein in Paraffin getränktes Brettchen aus nicht zu hartem Holze in der Größe 80 mm lang, 35 mm breit und 6 mm stark, welches in Abb. 20 mit a bezeichnet ist, werden nacheinander die in der Stückliste angegebenen Teile aufeinandergeschichtet. Als erstes wird auf das Grundbrett a ein Stanniolblatt d gelegt, welches so zugeschnitten ist, daß seine Länge 60 mm und die Breite 18 mm beträgt.

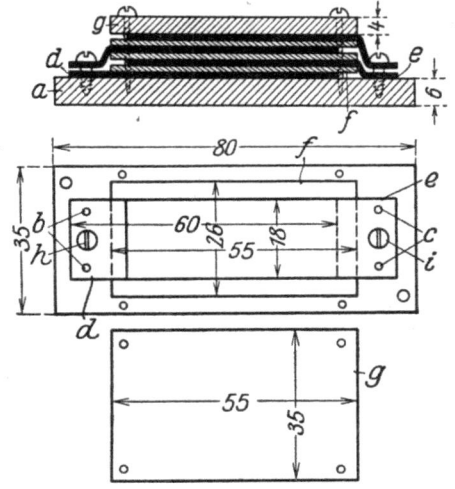

Abb. 20. Festkondensator.

Die Anschlußfahne dieses Stanniolblattes, welches die eine „Belegung" des Kondensators darstellt, kommt nach links zu liegen und wird in dieser Lage durch die beiden Messingstiftchen *b* festgehalten. Die zweite Lage ist ein das „Dielektrikum" des Kondensators bildendes Glimmer- oder in Paraffin getauchtes Kartonblatt *f*, in seinen Abmessungen 55 mm lang und 26 mm breit. Nun kommt als dritte Lage wieder ein Stanniolblatt *e*, welches als zweite „Belegung" mit einer Anschlußfahne nach rechts zu liegen kommt und hier durch die beiden kleinen Messingstiftchen *c* festgehalten wird. Das nächste ist eine Dielektrikumplatte *f*, dann ein Blatt *d* mit Linksanschluß und so fort, bis die in der Stückliste angegebene Anzahl von Belegungen und Dielektrika für die gewünschte Kapazität des Kondensators aufgebraucht ist. Als Abschluß ist eine aus paraffiniertem Holz hergestellte Deckplatte *g* vorgesehen, welche durch vier nur in der Stückliste angegebene Holzschrauben *k* mit der Grundplatte *a* verschraubt wird, wobei die aufeinander geschichteten Platten zusammengepreßt werden. In Abb. 21 ist ein Legeschema gegeben, welches beim Aufbau des Kondensators gute Dienste leisten wird. Aus der beigefügten Stückliste ergeben sich alle für die Herstellung der Kondensatoren notwendigen Angaben. Will man die elektrische Größe des Kondensators nachrechnen, dann gilt folgende Formel: Die Kapazität

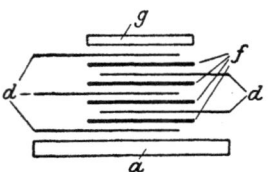

Abb. 21. Legeschema für Festkondensator.

$$C \text{ in cm} = K \cdot \frac{x \cdot f}{4 \pi \cdot s}.$$

Hierin bedeutet
f = wirksame Fläche in cm^2,
x = Anzahl der wirksamen Flächen,
s = Stärke des Dielektrikums in cm,
K = Konstante für festes Paraffin = 1,5.

Die wirksame Fläche f ist 5 cm lang und 1,8 cm breit. Setzt man die Werte ein, dann erhält man:

$$1000 = \frac{1,5 \cdot x \cdot 5 \cdot 1,8}{12,56 \cdot 0,014}.$$

Hierbei ist angenommen, daß das als Dielektrikum dienende Kartonblatt durch Paraffinieren von 0,1 mm Stärke auf 0,14 mm angewachsen ist. Löst man die Gleichung nach x auf, so erhält man die Zahl 13; d. h.: man benötigt für eine Kapazität von 1000 cm mindestens 13 Blätter f; für eine Kapazität von 250 cm nur den vierten Teil, also 3 Blätter f.

An die Schrauben h und i ist bei der Leitungsverlegung (siehe Abschnitt „Schaltung") der Leitungsdraht anzuschließen, wobei man zweckentsprechend eine kleine Messingscheibe zwischen Stanniolblättern und Anschlußdraht vorsieht.

Die Festkondensatoren sind in den gewünschten elektrischen Größen im Handel erhältlich.

Stückliste. Maße in mm.

	1000 cm	250 cm	Benennung	Werkstoff	Abmessungen
	Stückzahl				
a	1	1	Grundplatte	Holz	$80 \times 35 \times 6$
b	2	2	Führungsstifte	Messing	sogenannte Portemonnaiestifte
c	2	2	Führungsstifte	Messing	
d	7	2	Belegungen	Stanniol	$60 \times 18 \times 0,1$
e	6	1	Belegungen	Stanniol	$60 \times 18 \times 0,1$
f	19	3	Dielektrikum	Kartonpapier	$55 \times 26 \times 0,14$
g	1	1	Deckplatte	Holz	$55 \times 35 \times 4$
h	1	1	Anschlußschraube	Messing	3 mm Halsstärke, h u. i 6 mm lang, k ungef. 12 mm lg.
i	1	1	Anschlußschraube	Messing	
k	4	4	Schrauben	Messing	

6. Der Gitterableitungswiderstand.

Dieser im Schema ebenso wie der Regulierwiderstand durch eine Mäanderlinie gekennzeichnete Widerstand ist meistenteils ein Silitstab, welcher mit seinem Sockel im Handel zu haben ist. Man kann aber auch diese Widerstände selbst herstellen; so beschreibt z. B. Nesper im Radioamateur (Broadcasting) S. 276 einen selbstherzustellenden Hochohmgraphitwiderstand.

Ein einfacheres Verfahren ist, wenn man auf einem Kartonblatt einen sehr starken Strich von ungefähr 3 cm Länge mit ganz weichem Bleistift herstellt, an den Enden ebensolche dickaufgetragenen Graphit (Bleistift-) Augen vorsieht, die man mit kleinen Stanniolscheiben bedeckt und welche die Anschlußschrauben aufnehmen werden. Die „Popular Wireless" macht den Vorschlag, Streichhölzer mit chinesischer Tusche gut zu tränken und die Stromabnahme durch kleine Federn mit Anschlußöse zu bewirken.

Um den richtigen Widerstand wählen zu können, sind Streichhölzer verschiedener Länge vorzubereiten. Als Sockel ist ein Hartgummistück notwendig auf dem die obengenannten kleinen Federn befestigt sind, so daß der Anschluß der Leitungen an deren Ösen bequem bewerkstelligt werden kann.

7. Der Fernhörer.

Man kann hierzu sowohl einen einfachen Kopfhörer, wie auch einen Kopf-Doppelhörer verwenden, nur wäre darauf zu achten, daß die Ohmzahl in jedem Falle 4000 beträgt. Um keine Enttäuschung zu erleben, achte man beim Kauf auf die Art der Anschlüsse, die naturgemäß zu den in der Stückliste unter 9 genannten Anschlußklemmen passen müssen. Anschlüsse in Doppelsteckerform, ähnlich den Lichtsteckern, sind im Gebrauch die bequemsten.

Will man jedoch auch den Kopfhörer selbst herstellen, dann vergegenwärtige man sich von vornherein die außerordentlichen Schwierigkeiten, die beim Bau eintreten können und an die Geschicklichkeit des Amateurs hohe Anforderungen stellen. Im 7. Band der Bibliothek des Radioamateurs (Nesper, Der Detektorempfänger. Berlin: Julius Springer) ist der Bau eines Kopf-Doppelhörers eingehend beschrieben.

8. Der Antennenschalter.

Jeder Amateur und Rundfunkteilnehmer hat den Wunsch, seine Anlage auch gegen atmosphärische Störungen und die bei uns hauptsächlich im Sommer sich häufenden Gewitter zu sichern. Man erhält im Handel Hebelumschalter auf Porzellansockel, die so angelegt werden, daß an den Drehpunkt die Antennenzuleitung, an den oberen Kontakt der Empfänger und an den unteren Kontakt die Erde angeschaltet wird. In den Abb. 22 und 23 ist ein Stöpselumschalter dargestellt, der bequem von Hand herzustellen wäre. Als Grundplatte ist ein Hartgummi- oder Fiberstück in den Abmessungen $10 \times 3 \times 8,6$ cm gedacht, auf welches die einzelnen Teile aufmontiert sind. Bei der Montage wäre zu beachten, daß die beiden Blitzableiterteile mit ihren Spitzen ungefähr 1 mm auseinander, aber sich genau gegenüberstehen sollen.

Der Antennenschalter. 25

Da man in beiden Fällen, beim Hebel- sowohl als auch beim Stöpselumschalter trotz der Aufforderung vergessen kann, die Antenne zu „erden", ist die Industrie noch einen Schritt weiter gegangen und bringt Schalter in den Handel, welche bei Abschaltung der Heizung ein Warnungssignal ertönen lassen, durch dessen Ausschaltung gleichzeitig die Antenne automatisch geerdet wird.

Den sichersten Blitzschutz für jede Radioanlage bildet jedoch die Blitzschutzröhre, welche direkt zwischen Antennen- und Erdanschluß zu schalten ist und immer, auch für Ableitung elektrostatischer Ladungen der Antenne betriebsbereit ist. Es ist dies

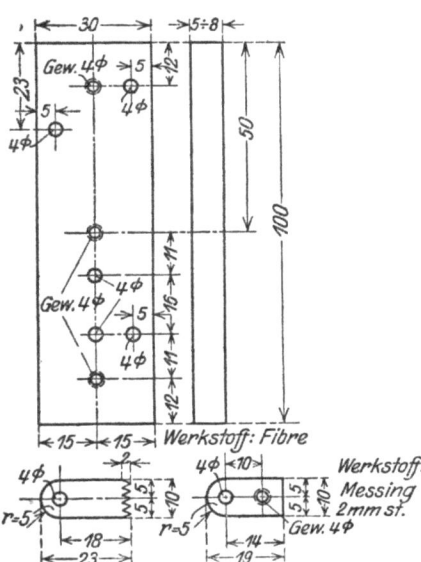

Abb. 22. Einzelteile zum Antennenschalter.

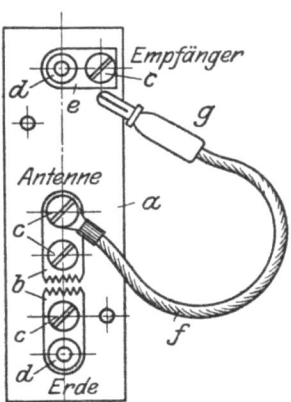

Abb. 23. Gesamtansicht des Antennenschalters.

eine luftleere Röhre, in welcher zwei Elektroden in geringstem Abstand voneinander angebracht sind. Die geringste Erhöhung der normalen Spannung der Antenne genügt, um jede schädliche Ladung über die leitend gewordene luftleere Strecke zwischen den Elektroden zur Erde abfließen zu lassen. Die Schaltung einer solchen Blitzschutzröhre in unserer Anlage ist aus Abb. 25 deutlich zu erkennen. Benutzt man eine solche Anordnung, dann ist naturgemäß der Selbstbau eines Antennenschalters unnötig.

9. Das Grundbrett und die Anschlußleiste.

Um die Schaltung der ganzen Apparatur später bequem vornehmen zu können, empfiehlt es sich, alle bis jetzt hergestellten Teile auf ein Sammelbrett aufzumontieren. Das Brett dürfte mit 30 cm breite und 40 cm Länge groß genug gewählt sein und erhält zweckdienlich vier Porzellanröllchen als Füße angeschraubt. Die Anschlußkontakte für die Batterien und den Hörer setzt man vorteilhafterweise außerdem auf ein kleines Fiberklötzchen, wobei man die Entfernung der beiden Hörerbuchsen zu 2 cm wählt, während die Batterieanschlüsse so angebracht werden müßten, daß die Entfernung zwischen dem Anodenanschluß und dem Anschluß für den Pluspol der Heizbatterie 2 cm beträgt und die Entfernung von hier zum gemeinsamen Minuspol 1,5 cm betragen soll. Für diese Entfernungen gibt es passende dreiteilige Stecker im Handel zu kaufen, deren Schnüre mit den entsprechenden Polen der Batterien verbunden werden, so daß ein jedesmaliges Suchen und eventuelles Verwechseln ausgeschlossen ist. Nachdem man alle Einzelapparate aufgeschraubt hat, geht man an die Verlegung der Leitungen.

Die Bezeichnung der Klemmen wird vorteilhafterweise allgemein gehalten, z. B.: Plus Anodenbatterie, Plus Heizbatterie, Gemeinsamer Minuspol, da für die verschiedenen Röhren sich auch die Zahlen für die Spannungen ändern.

10. Die Schaltung.

Die Verlegung der Leitungen geschieht nach dem Montageschema Abb. 3. Vom Schalter 8 aus, und zwar von dessen oberer Außenklemme legt man eine Verbindungsleitung zum äußern Anschluß der festen Kopplungsspule, von der andern Klemme zum Abstimmkondensator des Primärkreises und von dessen zweiter Klemme zum Erdanschluß. Die eine Klemme der beweglichen Spule der Kopplung verbindet man nun mit der Klemme des Abstimmkondensators des Sekundärkreises und die andere Klemme desselben mit der zweiten und letzten Klemme der beweglichen Kopplungsspule, so daß hierdurch ein geschlossener Schwingungskreis entsteht. Nun kommt der Röhrenkreis. Von dem Anschluß der beweglichen Kopplungsspule geht man mit möglichst kurzer Leitung zum Gitterfestkondensator und von dort zum Gitteranschluß des Röhrensockels. Dieser letztere Anschluß wird mit dem Gitterableitungswiderstand verbunden und dessen zweite Klemme mit einem Leitungsdraht so ausgerüstet, daß man entweder am Plus- oder Minuspol der Heizbatterie anschließen kann. Von dem Anodenanschluß des Röhrensockels geht jetzt eine Leitung zur Fernhörerbuchse und von der zweiten Buchse zum Pluspolanschluß der Anodenbatterie. Von den beiden anderen Anschlüssen wird der eine mit dem Anschluß für den Pluspol der Heizbatterie, der andere mit dem veränderlichen Heizwiderstand verbunden, von dessen zweiter Klemme aus eine weitere Leitung zum Anschluß für den Minuspol der Heizbatterie geht. Von der gemeinsamen Minusklemme für beide Batterien geht eine Leitung zur anderen Klemme des Sekundärabstimmkreises und die Leitungsverlegung ist beendet. Es ist darauf zu achten, daß die Leitungen das Holzbrett nicht berühren und zwischen je zwei verbundenen Punkten den kürzesten Weg darstellen, wobei sie, ohne sich gegenseitig zu berühren, auch spitzwinklig einander überkreuzen können.

Wenn man in obiger Weise verfahren ist, benötigt man ungefähr 3 m Leitungsdraht; man wählt hierzu vorteilhaft Kupferdraht 1 mm ⌀ blank.

11. Antenne und Erdung.

Um unsern Empfänger in Tätigkeit setzen zu können, schreiten wir jetzt zur Anlegung einer Antenne. Jeder Amateur weiß heute schon, daß es Antennen der verschiedensten Art gibt. Die günstigste Form derselben ist und bleibt naturgemäß die Außenantenne, denn sie gewährleistet den besten Empfang. Eine einfache Antenne dieser Art sei in folgendem beschrieben.

Zunächst stellt man sich aus 5 kleinen Porzellaneiern als Isolatoren, die im Handel zu haben sind, zwei Isolatorenketten her, die eine mit zwei Isolatoren und die zweite mit drei Isolatoren. Außerdem ist ein gut abgerundeter Hartholzstab in den Abmessungen 12 cm Länge und 3 cm Durchmesser vorzubereiten. Dieser Stab erhält drei Querlöcher, durch welche die käuflich zu erwerbende Antennenlitze hindurchgezogen werden kann. Die Verbindung der Isolatoren mit dem Stab und miteinander geschieht durch Verspleißen mittels geteerter, entsprechend starker Hanfschnur. Wir erhalten damit die in Abb. 24 dargestellten Befestigungs- und Isolieraufhängungen. Die in der Luft als Antenne wirkende Drahtmenge soll nach den Bestimmungen der RTV. nur 100 m Länge im ganzen betragen. Die Montage geht in der Weise vor sich, daß an einem günstig gelegenen Kamin, Pfahl oder Baum mittels des Hanfseiles das eine Ende der Antenne unter Verwendung der dreiteiligen Isolatorkette befestigt wird und nun das andere Ende durch den Holzstab entsprechend Abb. 24 hindurchgefädelt wird. Dieses freie Ende dient dazu, die Spannung des Drahtes zu regulieren. Als Ableitung und Zuführung zum Antennenumschalter hat man vorher in der Mitte des freihängenden Drahtes einen für die Höhe der Antenne genügend langen Drahtabschnitt durch Spleißen und möglichst Verlöten angebracht. Zur Durchführung durch das Fensterkreuz benutzt man vorteilhaft ein Porzellanrohr oder ähnliches. Es ist von größter Wichtigkeit, daß die Verbindung von der Antenne zum Empfänger möglichst kurz gehalten, nirgends fremde Gegenstände oder Wände berührend, dem Mittelanschluß des Schalter 8 nach Abb. 2, oder der entsprechenden Klemme einer Anordnung nach Abb. 25 zugeführt wird.

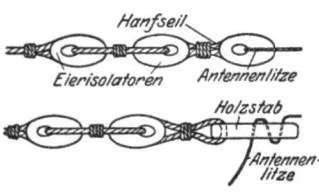

Abb. 24. Befestigung und Isolierung der Antenne.

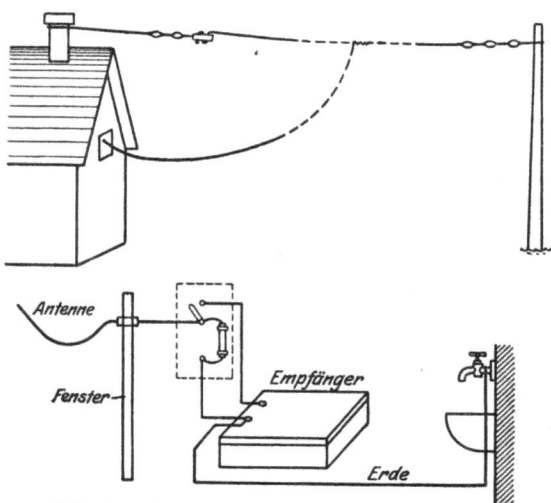

Abb. 25. Anlage der Antenne und Erdung.

Für die Erdung kommt ebenfalls Kupferdraht in Frage, welcher jedoch nicht unbedingt isoliert sein muß und von der Erdklemme des Empfängers aus auf dem kürzesten Wege zum Rohr der Wasserleitung geführt wird.

Als Ersatzantennen kommen in Frage Balkon- oder Schneegitter aus Eisen, Fensterbleche aus Zinkblech und ähnliche Gegenstände, deren Wirksamkeit jedoch immer erst einer Erprobung bedarf. Dasselbe gilt vom Spannrahmen eines Klaviers, Fahrrädern, metallnen Gardinenstangen usw. usw. Ersatzantennen sind auch die in der Nähe des Senders wirkenden sogenannten Lichtnetzantennen, das sind Kondensatoranordnungen, welche zwischen die Pole des Lichtnetzes gestöpselt werden und die Oberfläche der verlegten Lichtleitungen als, allerdings unabgestimmte, Antenne benutzen.

12. Anoden- und Heizbatterie.

Den elektrischen Größen der Audionröhre entsprechend ist eine Heiz- und eine Anodenbatterie zu beschaffen. Die Heizbatterie muß für normale Röhren 4—6 Volt bei einer Entladestromstärke von 0,5—0,6 Amp. besitzen. Man achte beim Kauf auf kräftige Anschlüsse und unverlierbare Bezeichnung der Plusklemme. Die Anodenbatterie, bestehend aus einer Anzahl von kleinen Taschenlampenbatterien, muß eine Spannung von mindestens 100 Volt besitzen und vorteilhafterweise unterteilt sein, so daß auch andere Spannungen abgenommen werden können. Es empfiehlt sich, eine Anodenbatterie mit höherer Gesamtspannung zu wählen, da die im letzten Abschnitt angegebene Reflexschaltung, wie alle Doppelverstärkungsschaltungen, höhere Anodenspannungen als normal für die benutzte Röhre angegeben, verlangen. Plus- und Minuspol müssen gut gekennzeichnet und stöpselbare Anschlüsse vorhanden sein.

Will man gleich die sogenannten Sparlampen verwenden, dann sind auch die entsprechenden Batterien und Vorschaltwiderstände auszuwählen.

Der Empfang.

Es ist wichtig, an Hand des Schaltungsschemas noch einmal zu kontrollieren, ob die Batterien richtig angeschlossen sind und daß der Antennenschalter auf „Empfang" steht. Nun dreht man den Heizregulierwiderstand soweit, bis der Heizfaden der Röhre glüht, und zwar in heller Gelbglut. Man nimmt den Hörer um und prüft die Apparatur in der Weise, daß man leicht mit dem Finger gegen die mittels des Heizregulierwiderstandes auf richtige Heizung eingeschaltete Röhre klopft. Es wird bei richtiger Schaltung ein klingender Ton im Hörer zu vernehmen sein, wenn alle Vorbedingungen richtig erfüllt sind. Sind dieselben aber restlos erfüllt, so ist es nicht ausgeschlossen, daß man schon jetzt mindestens die Morsezeichen eines Telegraphiersenders hört, worauf man sofort die „Abstimmung" vornimmt und nach Festlegung der augenblicklichen Stellung der Abstimmelemente, der Kopplungsspule und Drehkondensatoren, in einer Tabelle, mit dem „Suchen" beginnt. Man stellt zunächst an Hand der Veröffentlichungen der Rundfunkzeitungen fest, ob der nahe Sender für Unterhaltungsrundfunk in Tätigkeit ist und wird denselben dann auch nach einigem Verändern der beiden Abstimmelemente zu Gehör bekommen. Die Stellung für den besten Empfang wird ebenfalls in die Tabelle eingetragen und so der Ausgangspunkt für weiteres Suchen geschaffen. Nimmt man an der Apparatur keine Veränderungen mehr vor, dann kann man bei erneutem Experimentieren sicher sein, den Sender bei der festgelegten Stellung der Abstimmelemente sofort wieder zu finden. Eine solche Tabelle könnte in folgender Weise aufgestellt werden.

Tabelle 2.

	Primärkondensator	Kopplung	Sekundärkondensator
Telegraphiesender .	z. B. 70^0	z. B. 45^0	z. B. 80^0
Rundfunksender 1 .			
„ „ 2 .			

Bau eines Röhrenempfängers mit Rückkopplung.

Während der gewöhnliche Audionempfänger eine Reichweite von ungefähr 200—300 km besitzt, kann man denselben hochwertiger gestalten, wenn man ihn mit einer Rückkopplung versieht. Die Reichweite wird dadurch auf ungefähr das Fünffache gesteigert. Rückkopplung nennt man eine Anordnung, welche gestattet, die im Anodenkreis schwingende und für das Telephon brauchbar gemachte, also verstärkte und gleichgerichtete Energie auf den Sekundärkreis induktiv rückwirken zu lassen. Diese Rückwirkung über das Gitter der Audionröhre auf den Anodenkreis ist ganz bedeutend und wird erreicht z. B. durch Einschalten eines Spulensatzes, wobei zwei Spulen sich induktiv beeinflußen. Die eine Spule liegt im Sekundärkreis, die andere wird in den Anodenkreis geschaltet, so daß eine Schaltung nach Abb. 26 entsteht. Hierbei ist R die Rückkopplung. Die Herstellung derselben wollen wir in folgendem Kapitel besprechen. Die Einfügung der Rückkopplung in unsere bisherige Schaltung würde keinen Schwierigkeiten begegnen, es darf aber nicht verschwiegen werden, daß diese Einfügung der Rückkopplung auch ihre Nachteile hat. Macht man nämlich die Rückkopplung zu fest, dann geht trotz des Zwischen-(Sekundär-)kreises zuviel Energie auf den Antennenkreis über, so daß die Antenne anfängt zu strahlen, wodurch alle benachbarten Rundfunkteilnehmer empfindlich gestört werden. Die Störungen werden durch unangenehme Pfeiftöne im Telephon bemerkbar, können aber durch jeden geschickten Amateur nach einiger Übung vermieden werden, wenn er sich genau merkt, wie weit er die Rückkopplungsspule der festen Spule nähern darf, um gerade noch kurz vor dem Selbstschwingen seinen Audionempfänger auf höchste Empfindlichkeit zu bringen. Man kann also den Rückkopplungsempfänger mit Sekundärkreis (Zwischenkreis) als schwachstrahlend bezeichnen, wenn man mit möglichst losen Kopplungen arbeitet.

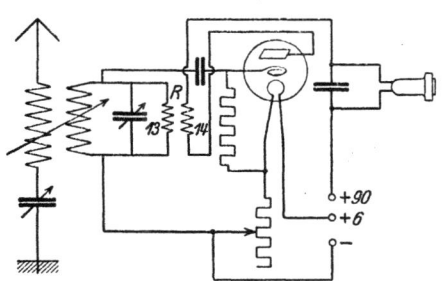

Abb. 26. Schaltung eines Audionempfängers mit Rückkopplung.

Die Spulen für die Rückkopplung.

Zur Herstellung dieser Spulen benutzt man Pappstreifen, woraus man zwei kreisrunde Scheiben von 71 mm Durchmesser herstellt. Diese Scheiben versieht man mit 13 radialen Schlitzen von 20 mm Tiefe und 2 mm Breite, so daß ein unverletzter Kern von 30 mm Durchmesser stehen bleibt, in dessen Mitte eine

Bohrung von 4 mm Durchmesser zur Befestigung vorzusehen wäre. Die Einteilung des Kreisumfanges in 13 gleiche Teile nimmt man in folgender Weise vor. Wie bekannt, berechnet man den Umfang U eines Kreises nach der Formel $D \cdot \pi$. In unserm Falle ist $D = 71$, also $D \cdot \pi = 71 \cdot 3{,}14$; $U = \sim 223$. Jeder Zahn müßte also $223 : 13 = \sim 17$ mm breit sein.

Das Bewickeln der so hergestellten beiden Spulenkörper geschieht nun in der Weise, daß man Lackdraht von 0,3 mm Stärke in einen der Schlitze einführt, weiter aus dem nächsten Schlitz heraus- in den dritten einführt und so weiter fortfährt, bis die Spule vollgewickelt ist. Es entsteht dann ein Bild wie Abb. 27 zeigt. Die Endbefestigung geschieht wieder durch zwei kleine Bohrungen am Umfang der Spulenscheiben. Es dürfte sich empfehlen, auch beim Beginn des Wickelns im innern Radius den Draht zur besseren Befestigung durch zwei nebeneinander liegende Bohrungen hindurchzuführen. Die Drahtenden sind für die Anschlüsse lang genug zu lassen. Während wir die eine Spule unter Zwischenlage einer Pappscheibe von 30 mm Durchmesser fest auf dem Grundbrett verschrauben, erhält die zweite Spule einen beweglichen Arm, um diese der festen Spule nähern oder entfernen zu können. Der Arm ist ein Fiberstreifen von 150 mm Länge, 20 mm Breite und 3 mm Stärke und erhält an beiden Enden Bohrungen von 4 mm Durchmesser. Die eine Bohrung dient zur Befestigung der Spule am Arm, wobei auch eine Scheibe von 30 mm Durchmesser zwischen zu legen ist. Die andere Bohrung wird zur drehbaren Befestigung des Armes benutzt, wobei wir so vorgehen, daß ein Hartholzklötzchen von 10 mm Höhe mit Holzschrauben auf das Grundbrett geschraubt wird. Auf dieses Klötzchen wird der Arm mit einer kleinen Metallzwischenscheibe drehbar aufgeschraubt und schließlich die Leitungen an ihren Anschlußschrauben befestigt. Unter Beachtung der Sendezeit des nächsten

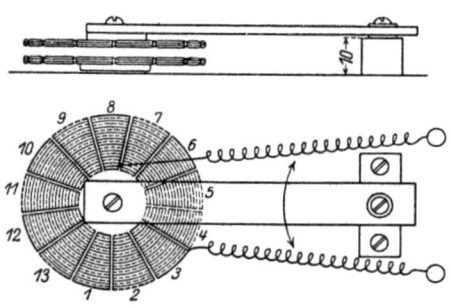

Abb. 27. Die Spulen für die Rückkopplung und ihre Lagerung.

Senders geht man nun an die Ausprobung seines Empfanges. Vor Inbetriebsetzung des Apparates überzeuge man sich, ob der Heizwiderstand auch auf Ausschaltstellung steht, d. h. der ganze Widerstand muß vom Heizstrom durchflossen werden. Nach Anlegung des Kopfhörers schaltet man den Heizwiderstand nach und nach durch langsames Drehen soweit aus, bis der Heizfaden der Röhre goldgelbe Färbung zeigt. Nun dreht man die Kopplung so, daß die drehbare Spule zur festen Spule unter 45 Grad steht und nähert die bewegliche der festen Rückkopplungsspule soweit, bis ein Geräusch zu hören ist. Jetzt dreht man die Sekundärspule der Kopplung hin und her bis man den gewünschten Empfang hat. Um den allergünstigsten Effekt aus dem Apparat herauszuholen, stellt man die vorher auf Mitte stehenden, veränderlichen Kondensatoren ein, bis man die günstigste Lautstärke erreicht hat. Bleibt der Empfang aus, dann ist anzunehmen, daß die bewegliche Rückkopplungsspule unwirksame Wicklungsrichtung hat. Man vertauscht die beiden Anschlußenden, ohne sonst an der Einstellung etwas zu verändern und wird jetzt Erfolg haben.

Es ist notwendig, sich mit den Eigentümlichkeiten des Einstellens absolut vertraut zu machen und beim Einstellen nicht die Geduld zu verlieren, denn Ungeübtheit reguliert leicht über den Empfang hinweg; wer jedoch seinen Empfänger (zunächst ohne Rückkopplung) lange genug bedient hat, dem wird auch die Einstellung der Rückkopplung leicht gelingen.

Der Einröhren-Empfänger in Doppelverstärkerschaltung.

Jeden Radioamateur, der uns bis hierher treu gefolgt ist, wird es erfreuen, wenn er erfährt, daß die Ausnutzungsmöglichkeit seiner Röhre durch die bisher beschriebenen beiden Schaltungen keineswegs erschöpft ist. Wir haben die normale Audionwirkung der Röhre kennen gelernt und haben weiter durch das in bezug auf Strahlungsmöglichkeit nicht ganz ungefährliche Prinzip der Rückkopplung den höchstmöglich weitreichenden und dazu lautstarken Empfang erzielt. Will man aber mit einer Röhre unter Umgehung der Rückkopplung denselben lautstarken Empfang naheliegender Sender erreichen, so empfiehlt sich, das Prinzip

34 Der Einröhrenempfänger in Doppelverstärkerschaltung.

der Doppelverstärkung anzuwenden. Doppelverstärkung gibt die Röhre in den sogenannten Ökonomieschaltungen, von denen wir die Reflexschaltung benutzen wollen, um dem nun vorgeschrittenen Amateur eine äußerst interessante und genußreiche Betätigung auf dem ihm lieb gewordenen Experimentierfeld zu bieten.

In der Doppelverstärkung benutzt man die Röhre gleichzeitig als Hoch- und als Niederfrequenzverstärker. Die einfachste Reflexschaltung gibt Abb. 28, woraus zu ersehen ist, daß als bekannt ein Festkondensator wie 5a und ein Drehkondensator wie 2a von Abb. 2 hinzugekommen sind. Außerdem werden für die Spule S die mit 13 und 14 bezeichneten Spulen der Abb. 26 benutzt. Neu ist der mit 15 bezeichnete Niederfrequenztransformator, den man wohl am besten fertig kauft. Derselbe soll bei möglichst hohen Windungszahlen, z. B. 5000 : 20000, ein Übersetzungsverhältnis von 1 : 4 haben. Aus der Schaltung geht hervor, daß die Primärwicklung des Transformators (Pr) im Anodenkreis, die Sekundärwicklung (Sek) im Gitterkreis liegt. Als Nr. 16 begrüßen wir in dem Kristalldetektor einen alten Bekannten; derselbe hat die Aufgabe, die ihm übermittelte Hochfrequenz des mit S und $2a$ bezeichneten Sperrkreises in Hörfrequenz umzuwandeln. Wegen der stärkeren Beanspruchung empfiehlt sich als Material für den Detektor Silizium gegen Bronze.

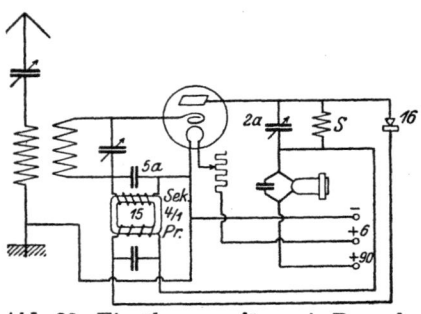

Abb. 28. Einröhrenempfänger in Doppelverstärkungs- (Reflex-) Schaltung.

Um den Radioamateur zur Selbständigkeit anzuspornen, ist bei der Reflexschaltung kein Anordnungsbild gegeben. Die Grundplatte ist in ihrer Größe so gehalten, daß alle Teile Platz finden können. Ein Fingerzeig soll jedoch noch gegeben werden, um den Erfolg auch bei dieser Schaltung sicherzustellen. Es ist nämlich ratsam, die Schaltung erst einmal provisorisch zu verlegen, und zwar ohne Rücksicht auf gutes Aussehen; man findet dann viel leichter einen Schaltfehler heraus.

Anhang. 35

Doppelverstärkung ist dann vorhanden, wenn der Empfang bei herausgenommenem Detektor fast verschwindet und bei Wiedereinsetzen desselben in seiner Lautstärke erheblich zunimmt.

Wir verweisen hier noch einmal auf das im Abschnitt über Heiz- und Anodenbatterie Gesagte, daß Röhren mit Doppelverstärkung höhere Anodenspannung verlangen, als für normale Verwendung angegeben ist.

Anhang.
a) Fehler und ihre Abhilfe.

1. Die Röhre glüht nicht. — Heizspannung fehlt.

2. Die Röhre glüht wohl, aber nur zeitweise. — Wackelkontakt in den Verbindungsstellen; alle Anschlüsse festziehen.

3. Die Röhre glüht gut, aber es ist beim Einstöpseln des Hörers kein Geräusch zu hören. — Anodenspannung fehlt; Anodenbatterie mit Voltmeter auf Spannung prüfen.

4. Die Röhre glüht, Anodenstrom fließt, aber doch keim Empfang. — Leitungen auf gegenseitige Berührung untersuchen. Kontaktstifte am Fernhörer untersuchen. Batterieverbindungen falsch.

5. Pfeifen im Apparat trotz losester Kopplung. — Verbindungsdrähte zwischen Gitter- und Anodenkreis haben zu kleinen Abstand.

6. Trommeln im Apparat. — Gitterableitungs-Widerstand hat fehlerhaften Kontakt oder stimmt in seiner Größe nicht.

7. Empfang nur in einigen Abstimmstellungen, aber unscharf. — Spulen haben kurzgeschlossene Windungen. Kurzschluß im Kondensator.

b) Einige Gebote für Radioamateure.

1. Beachte die Angaben über den Bau der Antenne und lege auf den Bau der Erdleitung dieselbe Sorgfalt.
2. Achte vor allem auf gute, feste Kontakte an allen Stellen. Sog. „Wackelkontakte" verursachen Störungen und damit Zeitverlust.
3. Soll die Apparatur stets betriebsbereit sein, dann schütze dieselbe vor Staub. Die Hörer sind nach Benutzung stets gut abzuputzen, denn Feuchtigkeit schadet den Membranen.
4. Nervosität bringt keine Erfolge, deshalb bediene den Apparat mit Überlegung, nachdem vorher die Einstellung gut geübt wurde.
5. Vergiß nicht, nach Beendigung von Experimenten die Batterien abzuschalten und die Antenne zu erden.

c) Gesetzliche Bestimmungen für den Bau eines Audion-Empfängers in Deutschland[1].

Verfügung.

Allgemeines.

Nr. 273. Der Unterhaltungs-Rundfunk (III VI Z —).

An die Stelle aller bisher über den Unterhaltungs-Rundfunk (Rf) erlassenen Einzelverfügungen tritt die nachstehende zusammenfassende Neuregelung. Die neuen Bestimmungen gelten mit sofortiger Wirkung für das ganze unbesetzte Reichsgebiet, soweit nicht im einzelnen etwas anderes angegeben ist. Diese Abweichungen, die hinsichtlich der Durchführung und der Zuständigkeiten durch die besonderen Verhältnisse in Bayern und Württemberg bedingt sind, werden in den Nachrichtenblättern der Abteilung VI des RPM und der OPD Stuttgart bekanntgegeben. Die Durchführung im besetzten Gebiet bleibt vorbehalten, sobald die Besatzungsbehörden ihren Widerstand gegen die Einrichtung von Funkempfangsanlagen aufgegeben haben.

Rf-Sender sind zunächst in Berlin, München, Stuttgart, Frankfurt (Main), Leipzig, Hamburg, Münster (Westf.), Königsberg (Pr.) und Breslau vorgesehen; der Bereich dieser Sender beträgt etwa 100 bis 150 km und wird durch technische Verbesserungen ständig erhöht werden. Um in allen Teilen des Reichs möglichst gleichmäßige Empfangsverhältnisse herzustellen, ist ferner die Errichtung von Funkzwischenstellen (FZ) zur Weitergabe der Darbietungen der Bezirkssender in solchen Gegenden geplant, in denen beim Empfang des nächstgelegenen Bezirkssenders eine ausreichende Lautstärke nicht zu erzielen ist.

Die Sender gehören der DRP und werden von ihr betrieben. Die Zusammenstellung und Abgabe des Unterhaltungsprogramms ist Sache der für jeden Sender gegründeten örtlichen Sendegesellschaft; die DRP übernimmt hierfür keinerlei Gewähr. Das RPM schließt mit diesen Gesellschaften besondere Verträge, über die die OPD am Sitze der betreffenden Gesellschaft nähere Verfügung erhalten. Die Ausgaben der Gesellschaften werden durch den Anteil an den im Rf aufkommenden Gebühren gedeckt, den das RPM den einzelnen Gesellschaften überweist.

Die Vortragsfolgen der Sender werden in den Fachzeitschriften und auszugsweise in der Tagespresse veröffentlicht.

Ob noch weitere selbständige Rf-Sender oder FZ auf besonderen Wunsch örtlicher Kreise errichtet werden, wird davon abhängen, inwieweit nach der technischen und wirtschaftlichen Entwicklung des Rf weitere Sendegesellschaften lebensfähig sein und in welchem Umfang sich örtliche Kreise an den Baukosten beteiligen und dauernde Zuschüsse zu den Betriebskosten und den durch die Herbeischaffung des Unterhaltungsstoffs entstehenden sehr beträchtlichen Kosten leisten werden.

---

[1] Auszugsweise entnommen dem Amtsblatt des Reichspostministeriums vom 14. 5. 1924, Nr. 46.
Siehe auch die Bemerkung hierzu auf S. 47.

Die Neuregelung des Rf gliedert sich wie folgt:

A. Rechtliche Unterlage: Die Verordnung zum Schutze des Funkverkehrs vom 8. März 1924 (A I) nebst Ausführungs- und Übergangsbestimmungen (A II und III).

B. Die Teilnahme am Rf für den Privatgebrauch mit dem von der DRP zugelassenen und mit „RTV" gestempelten Gerät sowie mit selbstgebauten oder fertig gekauften ungestempelten Detektor-Empfangsanordnungen ohne Röhren.

C. Die Vereine der Funkfreunde: Richtlinien (C I) nebst Ausführungs-, Übergangs- und Verwaltungsbestimmungen (C II, III und IV).

D. Die Erteilung der Audion-Versuchserlaubnis unmittelbar durch die DRP (D I) und die Genehmigung von Funkanlagen zu besonderen Zwecken (D II—V).

E. usw.

Die wichtigsten Änderungen sind folgende:

1. Festigung der rechtlichen Stellung der DRP gegenüber ungenehmigten Funkanlagen. Ermöglichung eines wirksamen Vorgehens bei Verstößen. Einräumung einer Schonfrist, um die Anmeldung ungenehmigter Anlagen zu erleichtern.

2. Erweiterung der Möglichkeit zur funktechnischen Betätigung:

a) Die Rf-Teilnehmer dürfen künftig selbstgebaute sowie fertig gekaufte ungestempelte Detektor-Empfangsanordnungen ohne Röhren verwenden.

b) Wer technische Kenntnisse besitzt, kann die Audion-Versuchserlaubnis erwerben.

c) Mitwirkung der Vereine der Funkfreunde.

3. Gebührenherabsetzung für die Teilnahme am Rf und Erhebung der gleichen Gebühr für die Versuchserlaubnis. Einheitliche Gebühr von monatlich 2 M. Monatliche Gebühreneinziehung.

4. Erleichterung der Anmeldung für die Rf-Teilnehmer.

5. Erleichterung der Bestimmungen für die Herstellung von Rf-Gerät.

Die Neuregelung geht von dem Gedanken aus, daß durch die Förderung des Rf eine kulturelle und technische Weiterentwicklung des deutschen Volkes angestrebt werden soll und daß diese von der DRP als Verkehrsverwaltung mit allen Kräften unterstützt werden muß. Die vorstehenden Bestimmungen sind daher unter möglichstem Entgegenkommen gegenüber den Wünschen der Beteiligten durchzuführen. Über einzelne Verstöße ist hinwegzusehen, wenn sie in Unkenntnis der Vorschriften geschehen sind und eine Wiederholung in Zukunft nicht zu befürchten ist. Die der DRP insbesondere auf Grund der Verordnung zum Schutze des Funkverkehrs zustehenden Befugnisse sind jedoch nach Ablauf einer angemessenen Übergangszeit mit aller Schärfe gegen die anzuwenden, die bewußt und fortgesetzt trotz allen Entgegenkommens der DRP gegen die Bestimmungen verstoßen.

A.

I. Verordnung zum Schutze des Funkverkehrs. Vom 8. März 1924.

(Veröffentlicht im Deutschen Reichsanzeiger und Preußischen Staatsanzeiger Nr. 66 vom 18. März 1924 abends und im Reichsgesetzbl. I S. 273.)

38   Anhang.

Auf Grund des Artikel 48 der Reichsverfassung verordne ich zur Wiederherstellung der öffentlichen Sicherheit und Ordnung für das Reichsgebiet folgendes:

§ 1

Sendeeinrichtungen und Empfangseinrichtungen jeder Art, die geeignet sind, Nachrichten, Zeichen, Bilder oder Töne auf elektrischem Wege ohne Verbindungsleitungen oder mit elektrischen, an einem Leiter geführten Schwingungen zu übermitteln oder zu empfangen (Funkanlagen), dürfen, soweit es sich nicht um Einrichtungen der Reichswehr handelt, nur mit Genehmigung der Reichstelegraphenverwaltung errichtet oder betrieben werden. Für die Genehmigung gelten die Vorschriften des § 2 des Gesetzes über das Telegraphenwesen vom $\frac{\text{6. April 1892}}{\text{7. März 1908}}$ (Reichsgesetzbl. $\frac{\text{1892 S.467}}{\text{1908 S. 79}}$) mit der Maßgabe, daß ein Recht auf Erteilung der Genehmigung nicht besteht.

§ 2

Wer vorsätzlich entgegen den Bestimmungen dieser Verordnung eine Funkanlage (§ 1) errichtet oder betreibt, wird mit Gefängnis bestraft. Der Versuch ist strafbar.

§ 3

Wer eine elektrische Telegraphenanlage, die ohne metallische Verbindungsleitungen Nachrichten vermittelt (§§ 1, 3 Abs. 2 des Gesetzes über das Telegraphenwesen vom $\frac{\text{6. April 1892}}{\text{7. März 1908}}$, Reichsgesetzbl. $\frac{\text{1892 S. 467}}{\text{1908 S. 79}}$), oder eine Funkanlage im Sinne des § 1 dieser Verordnung ohne Genehmigung der Reichstelegraphenverwaltung errichtet hat oder sie ohne diese Genehmigung betreibt und binnen 4 Wochen seit dem Inkrafttreten dieser Verordnung bei der Reichstelegraphenverwaltung die Genehmigung beantragt, bleibt straflos, soweit die nach § 9 des Gesetzes über das Telegraphenwesen oder nach § 2 dieser Verordnung strafbaren Handlungen vor der Stellung des Antrags begangen sind.

§ 4

(1) Gegenstände, die zur Begehung eines Vergehens gegen die Bestimmungen des § 9 des Gesetzes über das Telegraphenwesen vom $\frac{\text{6. April 1892}}{\text{7. März 1908}}$ und des § 2 dieser Verordnung gebraucht oder bestimmt waren, sind für das Reich (Reichstelegraphenverwaltung) einzuziehen, gleichviel wem die Gegenstände gehören und ob gegen eine bestimmte Person ein Strafverfahren eingeleitet wird.

(2) Die Einziehung ist durch Urteil auszusprechen. Mit der Rechtskraft des Urteils geht das Eigentum an den eingezogenen Gegenständen auf das Reich (Reichstelegraphenverwaltung) über. Rechte Dritter erlöschen. Für einen Rechtserwerb, der nach der Rechtskraft des Urteils eintritt, gelten die Vorschriften des bürgerlichen Rechts zugunsten derer, die Rechte von einem Nichtberechtigten herleiten.

Anhang.

§ 5

(1) Die Beamten der Staatsanwaltschaft und der Polizei könnenRäume, in denen sich Funkanlagen (§ 1) befinden oder vermutet werden, zur Prüfung der Anlagen und zur Durchsuchung der Räume jederzeit betreten, wenn der Verdacht einer strafbaren Handlung nach § 2 besteht. Einer Anordnung der Durchsuchung durch den Richter bedarf es nicht. Die Bestimmungen der Strafprozeßordnung über die Durchsuchung von Räumen in militärischen Dienstgebäuden bleiben unberührt.

(2) Beauftragte der Reichstelegraphenverwaltung sind berechtigt, sich an den nach Abs. 1 Satz 1 vorgenommenen Prüfungen und Durchsuchungen zu beteiligen.

§ 6

(1) Die Polizei hat unbefugt errichtete oder unbefugt betriebene Telegraphenanlagen (§ 1 des Gesetzes über das Telegraphenwesen des Deutschen Reichs vom $\frac{\text{6. April 1892}}{\text{7. März 1908}}$) sowie unbefugt errichtete oder unbefugt betriebene Funkanlagen (§ 1 dieser Verordnung) außer Betrieb zu setzen oder zu beseitigen. Einer vorherigen Androhung bedarf es nicht. Im übrigen gelten für die Anwendung polizeilicher Zwangsmittel sowie für die Rechtsmittel gegen diese die Vorschriften der Landesgesetzgebung. Wird die Genehmigung zur Errichtung oder zum Betrieb der Anlage nachträglich nachgesucht, so kann die Polizei mit Einwilligung der Reichstelegraphenverwaltung bis zur Entscheidung über den Antrag auf Genehmigung davon absehen, die Anlagen außer Betrieb zu setzen oder zu beseitigen.

(2) Die Polizei kann alle oder einzelne Teile einer nach dem vorstehenden Absatz außer Betrieb gesetzten oder beseitigten Anlage in amtliche Verwahrung nehmen oder sonst sicherstellen. Die Beschlagnahme tritt außer Kraft, wenn im Rechtsmittelverfahren (Abs. 1 Satz 3) die Außerbetriebsetzung oder Beseitigung der Anlage rechtskräftig aufgehoben wird. Die Bestimmungen der Strafprozeßordnung über Beschlagnahme sowie des § 4 über Einziehung bleiben unberührt.

(3) Die Bestimmungen der vorstehenden Absätze gelten auch für Anlagen, die genehmigt worden sind, jedoch binnen der von der Reichstelegraphenverwaltung bestimmten Frist nach Zurücknahme der Genehmigung nicht außer Betrieb gesetzt oder beseitigt sind.

§ 8

Die Vorschriften des Gesetzes über das Telegraphenwesen des Deutschen Reichs vom 6. April 1892 in der Fassung des Gesetzes vom 7. März 1908 bleiben unberührt, soweit nicht in dieser Verordnung etwas anderes bestimmt ist.

§ 9

Diese Verordnung tritt mit der Verkündigung in Kraft.

Berlin, den 8. März 1924.

Der Reichspräsident Der Reichskanzler
Ebert Marx

C.

I. Richtlinien für die Vereine der Funkfreunde.

1. Eingetragene Vereine, deren Satzungen die Mindestbedingungen für die Anerkennung von Vereinen von Funkfreunden erfüllen und die durch ihre Organisation und ihre maßgebenden Mitglieder die Gewähr dafür bieten, daß sie die den anerkannten Vereinen eingeräumten Rechte und obliegenden Pflichten ordnungsgemäß ausüben werden, können auf Antrag von der Deutschen Reichspost (DRP) widerruflich anerkannt werden.

Durch die Anerkennung erhalten:

a) sämtliche Mitglieder des Vereins das Recht, in dem Vereinslaboratorium mit dessen Einrichtungen zu Ausbildungszwecken Sende- und Empfangsversuche im Rahmen der für das Laboratorium erteilten Versuchserlaubnis unter Verantwortung des Vereins vorzunehmen,

b) der Verein das Recht:

nach näherer Bestimmung der DRP seinen Mitgliedern die Erteilung der Versuchserlaubnis durch die DRP zu vermitteln, und zwar

α) seinen Mitgliedern die Genehmigung zu selbständigen Versuchen mit eigenen Detektor-Empfangsanordnungen ohne Röhren im Rahmen der Rundfunk-Teilnehmer-Genehmigung,

β) seinen Mitgliedern, die die besonderen hierfür von der DRP aufgestellten Vorbedingungen erfüllt haben, auch die Genehmigung zu selbständigen Versuchen mit eigenen Empfangsanordnungen mit Röhren im Rahmen der Audion-Versuchserlaubnis.

2. Mindestbedingungen für die Anerkennung von Vereinen.

a) Voraussetzung für die Anerkennung eines Vereins zur Förderung des Funkwesens ist die Vorlage seiner Satzung.

b) Aus der Satzung des Vereins muß eindeutig hervorgehen, daß es sich nicht um einen politischen oder rein gesellschaftlichen Zusammenschluß oder einen Zusammenschluß zu gewerblichen Zwecken handelt, sondern daß der Verein auf Grund der gesetzlichen Bestimmungen und unter Berücksichtigung der öffentlichen Verkehrsbelange seinen Mitgliedern die Möglichkeit zur praktischen Betätigung auf dem Gebiet der Funktechnik bieten will.

c) Im einzelnen muß die Satzung folgende Bestimmungen enthalten:

Der Verein wacht darüber, daß die Mitglieder die gesetzlichen Vorschriften über das Funkwesen und die Bedingungen der Versuchserlaubnis einhalten, ferner nach Möglichkeit darüber, daß die jeweiligen Bestimmungen der Funkverkehrsreglung durch Privatanlagen nicht verletzt werden.

Mitglieder, die trotz dreimaliger Warnung erneut gegen die gesetzlichen Vorschriften und die Bedingungen der Versuchserlaubnis verstoßen haben, werden vom Vorstand aus dem Verein ausgeschlossen.

d) Der Verein reicht der DRP auf Wunsch seine Mitgliederliste ein. Bei Mitgliedern mit (Detektor- oder Audion-)Versuchserlaubnis sind auch Zahl und Standort ihrer selbständigen Empfangsanordnungen anzuzeigen. Für jedes Mitglied mit Versuchserlaubnis ist eine Monatsgebühr von 2 M., für jedes andere Mitglied eine Vierteljahrsgebühr von 1 M. an die DRP zu zahlen. Schüler und Studierende sind hinsichtlich der Mitgliedsgebühr von 1 M. abgabefrei. Für den Eingang der Gebühren haftet der Verein gesamtschuldnerisch mit den Vereinsmitgliedern.

e) Die Anerkennung kann dem Verein entzogen werden bei Zuwiderhandlungen gegen die jeweiligen Bestimmungen sowie wenn die DRP den Eindruck erhält, daß der Verein gegen die Bedingungen der Anerkennung, gegen die Bedingungen für die Erteilung der Versuchserlaubnis oder gegen andere wesentliche Bedingungen wiederholt verstoßen hat.

3. **Allgemeine Bedingungen für die Erteilung der Versuchserlaubnis.**

Die Genehmigung zur Errichtung und zum Betrieb einer Sendeversuchsanlage, der Empfangsanordnungen für Vereinszwecke und der selbständigen Empfangsanordnungen der Mitglieder wird von der DRP nach folgenden Vorschriften und den zu diesen Richtlinien von der DRP erlassenen Ausführungsbestimmungen erteilt:

a) Die Anlagen dürfen nur zur Ausführung von Versuchen unter Ausschluß von Nachrichtenübermittlung jeder Art benutzt werden; zugelassen zur Aufnahme ist der deutsche und ausländische Unterhaltungsrundfunk sowie die „an Alle" gegebenen (CQ) Nachrichten. Der Inhalt anderer Funkverkehrs darf weder niedergeschrieben noch anderen mitgeteilt oder irgendwie verwertet werden.

b) Eine Verwendung der Versuchsanordnungen zu gewerblichen Zwecken ist nicht zulässig.

c) Bei der Vornahme von Sendeversuchen sind die jeweiligen Vorschriften der örtlichen Behörden der DRP in bezug auf Energie, Wellenlänge und Verkehrszeit zu befolgen. Beim Empfang ist dafür zu sorgen, daß eine Schwingungserzeugung entsprechend den Bestimmungen der Audion-Versuchserlaubnis vermieden wird.

d) Die Inhaber der Genehmigungen sind dafür haftbar, daß der übrige Funkverkehr nicht gestört wird. Sie haften für etwaige Schäden, die durch ihre Maßnahmen dem Reich oder Dritten entstehen, nach Maßgabe der gesetzlichen Bestimmungen.

e) Einer Aufforderung der DRP, den Betrieb der Anlagen zeitweilig einzustellen, müssen die Inhaber der Genehmigung ohne Verzug entsprechen.

f) Die Beauftragten der DRP haben das Recht, die Räume und Grundstücksteile, in denen sich die Versuchsanordnungen des Vereins und die selbständigen Anlagen von Mitgliedern befinden, zur Prüfung der Anlagen und ihres Betriebs zu betreten.

g) Der Verein und seine Mitglieder sind verpflichtet, dem Aufbau eines geordneten Rundfunkwesens durch keinerlei Maßnahmen Schwierigkeiten zu bereiten und keine der auf diesem Gebiet getroffenen Bestimmungen der DRP zu übertreten.

h) Die Ergänzung oder Änderung der Genehmigungsbedingungen bleibt vorbehalten.

i) Die Versuchserlaubnis ist nicht übertragbar. Sie erlischt ohne weiteres, wenn der Verein sich auflöst oder ihm die Rechtsfähigkeit entzogen wird.

Heft: ......   Blatt: ......
Audion-Versuchserlaubnis
erteilt an ....
in .... Straße ......
am .... 192.
Eingezogene Gebühr: ... M.
Monatsgebühr: ... M.
Verein: ....
Bem.: ....

Anlage 1 A (zu C II Ziffer 4)
Heft: ......   Blatt: ......
Audion-Versuchserlaubnis
erteilt an ....
in .... Straße ......
am .... 192.
Eingezogene Gebühr: ... M.
Monatsgebühr: ... M.
Verein: ....
Bem.: ....

Audion-Versuchserlaubnis

Genehmigung

zur Errichtung und zum Betrieb einer Funkempfangsanlage zum Privatgebrauch

für ....
in .... Straße ....
Verein ....
gültig unter umstehenden Bedingungen, solange die Gebühr an die Postkasse entrichtet wird. Mindestdauer der Gebührenpflicht 1 Jahr. Genehmigungsgebühr von ...... M. für Monat .... 192. ist bezahlt; die weiteren Gebühren zieht das Zustell-Postamt ein, dem Wohnungsänderungen sofort mitzuteilen sind.

Namens der Deutschen Reichspost

erteilt am: .... 192.   Dienststempel der Zulassungsstelle der DRP.

Anm.: Die Urkunden werden in Heften zu 50 Blättern auf hellrötlichem Papier geliefert.

Bedingungen.

I. Allgemeines.

1. Die Anlage dient zur Aufnahme des „Unterhaltungs-Rundfunks" und der „Nachrichten an Alle";

2. unzulässig ist die Aufnahme sonstigen Funkverkehrs und die Störung von Telegraphen-, Fernsprech- und Funkanlagen.

3. Der Inhaber der Genehmigung ist verantwortlich für jeden, der seine Anlage benutzt, und darf die Genehmigung Dritten nicht übertragen; er hat Beauftragten der Deutschen Reichspost (DRP) das Betreten der Räume und Grundstücksteile, in denen sich die Empfangsanlage befindet, zu gestatten; nach Ablauf der Genehmigung hat er seine Anlage zu beseitigen und die Urkunde dem Zustell-Postamt zurückzugeben.

4. Verstöße gegen die Bedingungen können, auch soweit sie nicht nach der Verordnung zum Schutze des Funkverkehrs vom 8. März 1924 strafbar sind, die Entziehung der Genehmigung zur Folge haben.

5. Die Genehmigung kann widerrufen werden.

II. Antenne.

1. Höchstlänge des verwendeten Drahtes vom Empfänger ab 100 m.

Anhang. 43

2. Beschaffung der etwaigen Genehmigungen der Gebäudeeigentümer, Polizeiverwaltungen usw. ist ausschließlich Sache des Inhabers der Genehmigung.

3. Bei Störung vorhandener oder Behinderung des Ausbaues öffentlicher Telegraphen- oder Fernsprechanlagen ist die Antenne auf Kosten des Inhabers der Genehmigungsurkunde zu verlegen.

4. Die Anbringung von Antennen an Stützvorrichtungen des öffentlichen Telegraphen- und Fernsprechnetzes ohne Zustimmung der DRP ist unzulässig. Beim Bau ohne Hinzuziehung der DRP muß der Abstand von deren Leitungen mindestens 1 m betragen.

5. Kreuzungen zwischen Antenne und Hochspannungsleitungen sind unzulässig, bei Annäherungen muß auch bei Bruch einer Leitung eine Berührung unter allen Umständen ausgeschlossen sein; auf weniger als 10 m Horizontalabstand ist keinesfalls herabzugehen. Ferner ist es unzulässig, mit einer Antenne blanke Niederspannungsleitungen und gleichzeitig Telegraphen- und Fernsprechleitungen zu kreuzen.

III. Empfangsanordnungen.

Die Inhaber der Audion-Versuchserlaubnis dürfen Empfangsanordnungen aller Art, auch selbsthergestellte, unter Beobachtung folgender Vorschriften nach Maßgabe der Richtlinien für die Vereine der Funkfreunde benutzen:

1. In den Zeiten, in denen die im Bereich der Empfangsanlage hauptsächlich aufgenommenen deutschen Unterhaltungs-Rundfunksender arbeiten dürfen Versuche mit Rückkopplung nur insoweit vorgenommen werden, als dadurch eine Schwingungserzeugung nicht eintritt. Die Zeiten, für die diese Einschränkung gilt, setzt die zuständige Oberpostdirektion nach Anhörung der Sendegesellschaften fest; sie sind bei jedem Postamt zu erfragen. Besonderen örtlichen Vorschriften der DRP zum Schutze des drahtlosen Nachrichtenverkehrs ist ebenfalls zu entsprechen.

2. Es dürfen nur Empfänger- und Verstärkerröhren mit dem Stempel oder der Banderole RTV verwendet werden.

3. Werden an dem von der DRP für Rundfunkteilnehmer zugelassenen und gestempelten Gerät Änderungen oder eine Zuschaltung irgendwelcher Teile vorgenommen, die geeignet sind, den Wellenbereich zu ändern oder das Gerät zum Schwingen zu bringen, so ist der Stempel der DRP unkenntlich zu machen.

Anlage 2A (zu C II Ziffer 4).
Bedingungen für die Erlangung der Audion-Versuchserlaubnis.

I. Der Nachweis der funktechnischen Vorbildung ist vor einem Ausschuß zu führen, bestehend aus:

1. 2 fachkundigen Mitgliedern des Vereins, die dieser bestimmt;
2. 1 Vertreter der DRP, den die zuständige Oberpostdirektion nach Anhörung des Vereins ernennt. Ist dieser Vertreter am Erscheinen verhindert; so kann er die Vorlegung des Prüfungsergebnisses nebst Bericht der Ausschußmitglieder verlangen;
3. möglichst 1 Vertreter des deutschen Funkkartells; diese kann auch ein Mitglied des Vereins benennen.

Unter Benennung der Mitglieder des Ausschusses und ihrer Vertreter hat der Verein bei der zuständigen Oberpostdirektion die Anerkennung des Ausschusses in der angegebenen Besetzung zu beantragen. Erst nach Anerkennung ist der Ausschuß berechtigt, seine Tätigkeit aufzunehmen. Bei Stimmengleichheit der Ausschußmitglieder gilt der Nachweis als nicht erbracht.

Steht der Vertreter der DRP — auch im Falle I, 2 Satz 2 — mit seiner ablehnenden Ansicht in der Minderheit, so kann die Entscheidung des Telegraphentechnischen Reichsamts angerufen werden, das nach Anhörung des deutschen Funkkartells endgültig entscheidet.

II. Der Nachweis hat sich zu erstrecken auf:

1. persönliche Voraussetzungen; erforderlich sind:
a) Mitgliedschaft des Vereins,
b) Ansässigkeit im Bereich des Vereins,
c) Besitz der deutschen Reichsangehörigkeit; Ausländern kann die Erlaubnis erteilt werden, sobald nach Angabe der DRP das betreffende Land Gegenseitigkeit übt;
d) das Mitglied muß seiner Persönlichkeit nach die Gewähr dafür bieten, daß es die Bestrebungen zur Förderung des Funkwesens nicht schädigen wird.

2. Allgemeine technische, insbesondere elektrotechnische Kenntnisse, soweit sie für eine funktechnische Betätigung erforderlich sind.

3. Technische Kenntnisse des Funkwesens, soweit sie zum Verständnis des Zusammenwirkens der einzelnen Teile einer Funkempfangsanlage erforderlich sind.

4. Kenntnis der Organisation des deutschen Funkwesens und insbesondere des drahtlosen Fernsprechverkehrs, soweit sie erforderlich ist, um die Störungen, die durch unvorsichtiges Experimentieren entstehen können, zu erkennen.

III. Genügt das Mitglied nach Ansicht des Ausschusses sämtlichen Vorbedingungen und besitzt es auch die besonderen Kenntnisse, die bei einem Arbeiten mit Audion und Rückkopplung zur Verhütung der Schwingungserzeugung erforderlich sind, so kann ihm die Erteilung der Audion-Versuchserlaubnis vermittelt werden (Anl. 1 A).

D.
Erteilung der Audion-Versuchserlaubnis unmittelbar durch die DRP.

I. Erteilung der Audion-Versuchserlaubnis unmittelbar durch die DRP.

1. Die Genehmigung zur Errichtung und zum Betrieb von selbstgebauten Empfangsanordnungen mit Röhren zur Aufnahme des Rf und der Nachrichten „an Alle" (CQ) kann für den Privatgebrauch nach Maßgabe der Audion-Versuchserlaubnis (C Anl. 1 A) durch die OPD für ihren Bereich erteilt werden:
a) an Forscher und Fachleute auf dem Gebiete des Funkwesens;
b) an die der OPD unterstellten Beamten usw., sofern diese ausreichende funktechnische Vorkenntnisse besitzen. Für die Beamten des RPM und des TRA wird die Genehmigung von diesen Behörden erteilt;

Anhang. 45

c) an Angehörige sonstiger Reichs- und Landesbehörden, insbesondere der Reichswehr und Schutzpolizei, sofern der Antragsteller eine Bescheinigung seiner vorgesetzten Dienststelle vorlegt,

α) daß seine Behörde mit seiner funktechnischen Betätigung einverstanden ist,

β) daß er ausreichende funktechnische Vorkenntnisse für Versuche mit Röhren besitzt (siehe unten).

2. Als Fachleute (s. 1a) sind ohne weiteres die Mitglieder des Verbandes Deutscher Elektrotechniker (VDE) anzusehen, die durch Vermittlung der örtlichen Elektrotechnischen Vereine oder — für die unmittelbaren Mitglieder — durch den VDE selbst die Erteilung der Audion-Versuchserlaubnis beantragen. Die Aushändigung der Urkunden kann, wo es zweckmäßig ist, durch Vermittlung der genannten Vereine erfolgen.

Ferner kommen als Fachleute besonders in Frage die Angehörigen der Lehrkörper von Hochschulen, Fachschulen usw. In Zweifelsfällen ist beim TRA Rückfrage zu halten.

Wegen der Einrichtung von Ortsgruppen der anerkannten Vereine bei den Hochschulen usw. siehe C IV.

Wegen der Fachunternehmen siehe D IV Ziffer 1.

3. Hinsichtlich der von den Beamten usw. zu beanspruchenden funktechnischen Vorkenntnisse gelten als Maßstab die Anforderungen, die nach den Richtlinien für die Vereine der Funkfreunde (C Anl. 2 A) für die Audion-Versuchserlaubnis zu stellen sind.

Besitzt der Antragsteller nur geringe technische Kenntnisse, so ist ihm auf Wunsch durch Vermittlung des PA seines Wohnsitzes eine Genehmigungsurkunde für Rf-Teilnehmer (B Anlage) auszustellen und darauf hinzuweisen, daß er auf Grund dieser Genehmigung nur Versuche mit Detektor-Empfangsanordnungen ohne Röhren ausführen darf. Bei Antragstellern zu 1c kann die OPD in Zweifelsfällen vor Erteilung der Audion-Versuchserlaubnis nach Rücksprache mit der dem Beamten vorgesetzten Dienststelle, namentlich wenn die betreffende Behörde nicht selbst funktechnische Sachverständige besitzt, verlangen, daß er den Nachweis der funktechnischen Kenntnisse vor einem Beauftragten der DRP führt.

4. Die Audion-Versuchserlaubnis wird durch Aushändigung einer Urkunde nach dem Muster der Anlage 1 A zu C erteilt, die handschriftlich wie folgt zu ändern ist: Auf der Urkunde und den Abschnitten ist die Angabe des Vereins zu streichen und dafür bei Antragstellern zu 1b und c, die für den Antragsteller zuständige Behörde anzugeben. Unter Absatz III der „Bedingungen" ist vor den Worten „Maßgabe der Richtlinien" einzufügen: „sinngemäßer".

5. Für die Erteilung der Audion-Versuchserlaubnis gelten die gleichen Voraussetzungen wie unter B Ziffer 3 angegeben.

6. Im übrigen gilt hinsichtlich der verwaltungsmäßigen Behandlung, der Höhe und Einziehung der Gebühren usw. das gleiche wie für Rf-Teilnehmer. Die OPD schickt den linken abtrennbaren Stammabschnitt der Genehmigungsurkunde an die Genehmigungsstelle des für den Antragsteller zuständigen Zustell-PA, die dann ebenso verfährt, wie wenn es sich um eine für ein Vereinsmitglied ausgestellte Versuchserlaubnis handelt (s. C IV).

46   Anhang.

Die Aushändigung der Urkunde und die erstmalige Einziehung der Gebühr ist im allgemeinen ebenfalls zweckmäßig durch das Zustell-PA vorzunehmen. Es ist Wert darauf zu legen, daß die abtrennbaren Stammabschnitte ebenso wie bei Rf-Teilnehmern und den Vereinsmitgliedern mit Versuchserlaubnis behandelt werden, damit die örtlichen Stellen eine klare Übersicht über die in ihrem Bezirk vorhandenen genehmigten Funkanlagen behalten.

7. Die OPD und das RTA haben über die auf Grund dieser Bestimmungen erteilten Genehmigungen ein besonderes Verzeichnis, u. U. unter Benutzung der Stammabschnitte der Genehmigungsurkunden, zu führen und durch geeignete, den örtlichen Verhältnissen und der Person des Antragstellers angepaßte Maßnahmen sicherzustellen, daß durch solche selbsthergestellten Anlagen keine Störungen verursacht werden, insbesondere, daß die Apparate während der Rf-Sendezeit keine Schwingungen erzeugen.

8. Die OPD sind ermächtigt, die ihnen nach vorstehendem erteilten Befugnisse auf geeignete VÄ mit sachverständigem Personal zu übertragen.

Wegen eines etwaigen Gebührenerlasses s. B Ziffer 12.

Zusammenstellung
der verschiedenen Arten von genehmigungspflichtigen Funkanlagen

Nr.	Gegenstand	Der Antrag ist zu richten an[1])	Die Genehmigung wird erteilt durch[1])	Goldmarkgebühr monatlich	Bemerkungen
	A. Empfangsanlagen für Unterhaltungs-Rundfunk:				
1	a) zum Privatgebrauch für Rf-Teilnehmer	PA	PA	2,00	
	b) Audionversuchserlaubnis:				
2	1. durch Vermittlung der Vereine der Funkfreunde	Verein	OPD	2,00	
3	2. durch die DRP unmittelbar an Forscher, Fachleute, Beamte .	OPD[2])	(Zulassungsstelle) OPD[2])	2,00	

Anlage A (zu E II Anl. 2)

Technische Bedingungen für Rundfunkempfänger.

1. Es können Detektor- und Audionempfänger mit einem Wellenbereich von 250—700 m verwendet werden.

2. Bei den mit Audion ausgerüsteten Empfängern muß sichergestellt sein, daß sie auch bei erhöhter Anoden- oder Heizspannung nicht schwingen.

3. Es muß sichergestellt sein, daß durch Hinzunahme von weiteren Abstimmitteln, ohne daß der Empfänger geöffnet wird, keine Änderung des Wellenbereichs eintritt.

---

[1]) Die für Bayern und Württemberg geltenden besonderen Zuständigkeiten sind in den Nachrichtenblättern der Abt. VI des RPM und der OPD Stuttgart bekanntgegeben.

[2]) RPM und RTA für die ihnen unmittelbar unterstellten Beamten.

Nachtrag
zu den gesetzlichen Bestimmungen[1]).

Am 20. Februar 1925 fanden im Reichspostministerium Verhandlungen über die Erteilung der Audionversuchserlaubnis statt, an denen Vertreter des Deutschen Funkkartells, des Funktechnischen Vereins sowie der Fachverbände der Funkindustrie und des Funkhandels teilnahmen.

Es wurde Übereinstimmung darüber erzielt, daß auch in Zukunft die Benutzung ungestempelter Röhrenempfänger von der Ablegung einer Prüfung vor einem anerkannten Funkverein abhängig ist.

Nachdem der nunmehr vollzogene Aufbau der anerkannten Funkvereine und deren aufklärende Einwirkung auf die Öffentlichkeit den Boden für die weitere reibungslose Entwicklung des Rundfunks genügend vorbereitet haben, erscheint die Aufrechterhaltung der bisherigen Vorsichtsmaßregeln jedoch nicht mehr im vollen Umfange erforderlich.

Die Prüfung soll daher in Zukunft wesentlich erleichtert werden und sich in der Hauptsache auf den Nachweis erstrecken, daß der Prüfling in der Lage ist, einen Röhrenempfänger ohne Störung seiner Nachbarn zu bedienen.

---

[1]) **Anmerkung bei der Drucklegung:** Gemäß den neuesten Verlautbarungen des Reichspostministeriums soll spätestens am 1. September 1925 die Audionversuchserlaubnis vollkommen aufgehoben werden, so daß es von diesem Termin ab jedem ohne weiteres freisteht, Röhrenempfänger für den eigenen Bedarf zu bauen und in Betrieb zu nehmen. Die gewerbsmäßige Herstellung und der Vertrieb von Röhrenapparaten unterliegt selbstverständlich den hierfür geltenden patentrechtlichen und sonstigen Bestimmungen.

Verlag von Julius Springer in Berlin W 9

Kalender der Deutschen Funkfreunde 1925

Bearbeitet im
Auftrage des Deutschen Funk-Kartells

von

Dr.-Ing. Karl Mühlbrett   Ziviling. Friedr. Schmidt
Technische Staatslehranstalten,   Generalsekretär des Deutschen
Hamburg   Funk-Kartells, Hamburg

Mit einem Geleitwort von

Dr. H. G. Möller
Universitäts-Professor in Hamburg
Vorsitzender des Deutschen Funk-Kartells

Erster Jahrgang.   (120 S.)   Unveränderter Neudruck.   1925.

Gebunden 2 Goldmark

Verlag von Julius Springer und M. Krayn in Berlin W 9

Der Radio-Amateur

Zeitschrift für Freunde der drahtlosen Telephonie und Telegraphie

Organ des Deutschen Radio-Clubs

Unter ständiger Mitarbeit von
Dr. **Walther Burstyn**-Berlin, Dr. **Peter Lertes**-Frankfurt a. M., Dr. **Siegmund Loewe**-Berlin und Dr. **Georg Seibt**-Berlin u. a. m.

Herausgegeben von
Dr. **Eugen Nesper**-Berlin und Dr. **Paul Gehne**-Berlin

Erscheint wöchentlich

Vierteljährlich 5 Goldmark zuzüglich Porto

(Die Auslieferung erfolgt vom Verlag Julius Springer in Berlin W 9)

Verlag von Julius Springer in Berlin W 9

Der Radio-Amateur (Radiotelephonie). Ein Lehr- und Hilfsbuch für die Radio-Amateure aller Länder. Von Dr. **Eugen Nesper.** Sechste, vollständig umgearbeitete und erweiterte Auflage. Mit etwa 900 Textabbildungen. Erscheint im Mai 1925.

Radio-Schnelltelegraphie. Von Dr. **Eugen Nesper.** Mit 108 Abbildungen. (132 S.) 1922. 4.50 Goldmark

Elementares Handbuch über drahtlose Vakuum-Röhren. Von **John Scott Taggart,** Mitglied des Physikalischen Institutes London. Ins Deutsche übersetzt nach der vierten, durchgesehenen englischen Auflage von Dipl.-Ing. Dr. **Eugen Nesper** und Dr. **Siegmund Loewe.** Mit etwa 140 Abbildungen im Text. Erscheint im Frühjahr 1925.

Radiotelegraphisches Praktikum. Von Dr.-Ing. **H. Rein.** Dritte, umgearbeitete und vermehrte Auflage. Von Prof. Dr. **K. Wirtz,** Darmstadt. Mit 432 Textabbildungen und 7 Tafeln. (577 S.) 1921. Berichtigter Neudruck. 1922. Gebunden 20 Goldmark

Lehrkurs für Radio-Amateure. Von **Hellmuth C. Riepka,** zweiter Vorsitzender des Deutschen Radio-Clubs. (159 S.)
Erscheint Anfang Mai 1925.

Der Fernsprechverkehr als Massenerscheinung mit starken Schwankungen. Von Dr. **G. Rückle** und Dr.-Ing. **F. Lubberger.** Mit 19 Abbildungen im Text und auf einer Tafel. (155 S.) 1924.
11 Goldmark; gebunden 12 Goldmark

Anleitung zum Bau elektrischer Haustelegraphen-, Telephon-, Kontroll- und Blitzableiter-Anlagen. Herausgegeben von der A.-G. **Mix & Genest,** Telephon- und Telegraphenwerke, Berlin-Schöneberg. Siebente, neubearbeitete und erweiterte Auflage. Mit zahlreichen Textabbildungen. (609 S.) 1914. Gebunden 6 Goldmark

Telephon- und Signal-Anlagen. Ein praktischer Leitfaden für die Errichtung elektrischer Fernmelde- (Schwachstrom-) Anlagen. Herausgegeben von Oberingenieur **Carl Beckmann,** Berlin-Schöneberg. Bearbeitet nach den Leitsätzen für die Errichtung elektrischer Fernmelde- (Schwachstrom-) Anlagen der Kommission des Verbandes deutscher Elektrotechniker und des Verbandes elektrotechnischer Installationsfirmen in Deutschland. Dritte, verbesserte Auflage. Mit 418 Abbildungen und Schaltungen und einer Zusammenstellung der gesetzlichen Bestimmungen für Fernmeldeanlagen. (334 S.) 1923.
Gebunden 7,50 Goldmark

Die Nebenstellentechnik. Von Oberingenieur **Hans B. Willers,** Berlin-Schöneberg. Mit 137 Textabbildungen. (178 S.) 1920.
Gebunden 7 Goldmark

Verlag von Julius Springer in Berlin W 9

Bibliothek des Radio-Amateurs. Herausgegeben von Dr. **Eugen Nesper.**

1. Band: **Meßtechnik für Radio-Amateure.** Von Dr. **Eugen Nesper.** Dritte Auflage. Mit 48 Textabbildungen. (56 S.) 1925.
0.90 Goldmark

2. Band: **Die physikalischen Grundlagen der Radiotechnik** mit besonderer Berücksichtigung der Empfangseinrichtungen. Von Dr. **Wilhelm Spreen.** Dritte, verbesserte Auflage. Mit 121 Textabbildungen. Erscheint im Mai 1925.

3. Band: **Schaltungsbuch für Radio-Amateure.** Von **Karl Treyse.** Neudruck der zweiten, vervollständigten Auflage. (19.—23. Tausend.) Mit 141 Textabbildungen. (64 S.) 1925. 1.20 Goldmark

4. Band: **Die Röhre und ihre Anwendung.** Von **Hellmuth C. Riepka,** zweiter Vorsitzender des Deutschen Radio-Clubs. Zweite, vermehrte Auflage. Mit 134 Textabbildungen. (111 S.) 1925.
1.80 Goldmark

5. Band: **Der Hochfrequenz-Verstärker beim Rahmenempfang.** Ein Leitfaden für Radiotechniker. Von Ing. **Max Baumgart.** Zweite, umgearbeitete Auflage. Mit etwa 60 Textabbildungen.
Erscheint im Mai 1925.

6. Band: **Stromquellen für den Röhrenempfang** (Batterien und Akkumulatoren). Von Dr. **Wilhelm Spreen.** Mit 61 Textabbildungen. (72 S.) 1924. 1.50 Goldmark

7. Band: **Wie baue ich einen einfachen Detektor-Empfänger?** Von Dr. **Eugen Nesper.** Mit 30 Abbildungen im Text und auf einer Tafel. Zweite Auflage. (61 S.) 1925. 1.35 Goldmark

8. Band: **Nomographische Tafeln** für den Gebrauch in der Radiotechnik. Von Dr. **Ludwig Bergmann.** Mit 47 Textabbildungen und zwei Tafeln. (79 S.) 1925. 2.10 Goldmark

9. Band: **Der Neutrodyne-Empfänger.** Von Dr. **Rosa Horsky.** Mit 57 Textabbildungen. (50 S.) Erscheint im Mai 1925.

10. Band: **Wie lernt man morsen?** Von Studienrat **Julius Albrecht.** Mit 7 Textabbildungen. (38 S.) 1924. 1.35 Goldmark

11. Band: **Der Niederfrequenz-Verstärker.** Von Ing. **O. Kappelmayer.** Mit 36 Textabbildungen. Zweite, vermehrte Auflage.
In Vorbereitung.

12. Band: **Formeln und Tabellen** aus dem Gebiete der Funktechnik. Von Dr. **Wilhelm Spreen.** Mit 34 Textabbildungen. (76 S.) 1925.
1.65 Goldmark

Verlag von Julius Springer in Berlin W 9

Bibliothek des Radio-Amateurs. Herausgegeben von Dr. **Eugen Nesper.**

In den nächsten Wochen werden erscheinen:
14. Band: **Die Telephoniesender.** Von Dr. P. **Lertes.**
16. Band: **Baumaterialien für Radio-Amateure.** Von **Felix Cremers,** Ingenieur. Mit etwa 10 Textabbildungen.
17. Band: **Reflex-Empfänger.** Von cand. ing. radio **Paul Adorján.** Mit 52 Textabbildungen.
18. Band: **Fehlerbuch des Radio-Amateurs.** Von Ingenieur **Siegmund Strauß.** Mit etwa 70 Textabbildungen.
19. Band: **Internationales Rufzeichen.** Von **Erwin Meißner.**
20. Band: **Lautsprecher.** Von Dr. **Eugen Nesper.**

In Vorbereitung befinden sich:
Der Radio-Amateur im Gebirge.
Funktechnische Aufgaben und Zahlenbeispiele.
Systematik der Schaltungen.
Kettenleiter und Sperrkreise.
Graphische Darstellungen.
Kurzwellen-Empfänger.
Die Hochantenne.

Radio-Technik für Amateure

Anleitungen und Anregungen
für die Selbstherstellung von Radio-Apparaturen, ihren Einzelteilen und ihren Nebenapparaten

Von

Dr. Ernst Kadisch

Mit 216 Textabbildungen. (216 S.) 1925

Gebunden 5.10 Goldmark

Das vom Radio-Amateur für den Radio-Amateur geschriebene Buch enthält im theoretischen Teile eine gemeinverständliche Einführung und bietet **auch demjenigen Laien, dem das Bastlerinteresse ferner liegt, die Möglichkeit, in die einfachsten Grundlagen der drahtlosen Telephonie einzudringen.**
Die Selbstherstellung der Einzelteile, von Drehkondensatoren, Heizwiderständen, Spulen, Röhrenfassungen, Detektoren u. a. sowie der Zusatzapparate, z. B. Akkumulatoren, Anodenbatterien, Gleichrichtern, Meßinstrumenten usw. wird im praktischen Teil ausführlich geschildert. Fast immer sind mehrere Konstruktionsmöglichkeiten bildlich und textlich erläutert, auch mischen sich Anleitungen und Anregungen miteinander, so daß auch der **fortgeschrittene Amateur** aus dem Buche seinen Nutzen ziehen kann.

MIX
Papier aus verantwortungsvollen Quellen
Paper from responsible sources
FSC® C105338

If you have any concerns about our products,
you can contact us on
ProductSafety@springernature.com

In case Publisher is established outside the EU,
the EU authorized representative is:
**Springer Nature Customer Service Center GmbH
Europaplatz 3, 69115 Heidelberg, Germany**

Printed by Libri Plureos GmbH
in Hamburg, Germany